ESV
ERICH
SCHMIDT
VERLAG

AF546826

DIIR-SCHRIFTENREIHE
Band 38

# Revision des Facility-Managements

## Ein Prüfungsleitfaden

Erarbeitet im DIIR-Arbeitskreis „Bau, Betrieb und Instandhaltung"

Zweite, neu bearbeitete Auflage

ERICH SCHMIDT VERLAG

**Bibliografische Information der Deutschen Nationalbibliothek**
Die Deutsche Nationalbibliothek verzeichnet diese Publikation in der Deutschen Nationalbibliografie; detaillierte bibliografische Daten sind im Internet über dnb.ddb.de abrufbar.

**Weitere Informationen zu diesem Titel finden Sie im Internet unter**
ESV.info/978-3-503-23717-3

1. Auflage 2005
2. Auflage 2023



ISBN 978-3-503-23717-3 (print)
ISBN 978-3-503-23718-0 (eBook)
ISSN 1867 2884


www.ESV.info

Satz: Arnold & Domnick, Leipzig
Druck und Bindung: Difo-Druck GmbH, Bamberg

# Inhaltsverzeichnis

# Vorwort

Der vom Arbeitskreis „Bau, Betrieb und Instandhaltung“ beim Deutschen Institut für Interne Revision e.V. (DIIR) erarbeitete Prüfungsleitfaden zum Facility-Management soll die mit der Prüfung in diesem Fachgebiet beauftragten Revisorinnen und Revisoren unterstützen.

Viele Hundert mögliche Prüfungsfragen zu einer Vielzahl von risikorelevanten Bereichen des Facility-Managements werden in diesem Leitfaden vorgestellt. Die Themen reichen dabei von der Instandhaltung über Reinigung und Verkehrssicherung, Sicherheit und Werkschutz bis hin zu den kaufmännischen Aspekten des Facility Managements. Die kommentierten Prüfungsfragen behandeln die vielfältigen Prüfungsansätze zum Thema Facility-Management systematisch und sollen eine Hilfestellung in der praktischen Prüfungstätigkeit bieten.

Gegenüber der ersten Auflage des Leitfadens aus dem Jahr 2005 wurden sämtliche Inhalte neu strukturiert, aktualisiert und ergänzt. So sind z.B. Kapitel über das Energie- und Wassermanagement aufgrund gestiegener Herausforderungen und neuer rechtlicher Anforderungen überarbeitet worden.

Den Mitgliedern des Arbeitskreises, die den vorliegenden Leitfaden erarbeitet haben, sprechen wir Dank und Anerkennung aus. Der Arbeitskreis unter der Leitung von

Kay Rothe

bestand zum Zeitpunkt der Fertigstellung dieses Leitfadens aus den folgenden Mitgliedern:

Marion Bartelt (stellvertretende Arbeitskreisleiterin)
Antonia Adler
Raif Aktürk
Kai Bartos
Hermann Bayerschmidt
Christian Behr
Heike Behr
Andy Bösch
Christian Bolz
Stefan Eggers
Dr. Andreas Eitelhuber
Manfred Gödecke
Claudia Herber
Kirdo Khidir
Almut Kobras
Florian Köhler
Thomas Kübler
Stefanie Lewin
Christine Loward

Cornelia Riegger
Gabriele Ritter
Christian Sandmann
Oliver Scheele
Robert Scheuerer
Matthias Schröder
Christian Thoms
Rainer Waschke

Die Projektgruppe „Revision des Facility Managements“ wurde von Almut Kobras geleitet.

Auch den Unternehmen, die die Mitwirkung ihrer Mitarbeiterinnen und Mitarbeiter zur Erstellung dieses Prüfungsleitfadens ermöglicht haben, gilt unser Dank.

Frankfurt am Main, im Juli 2023

DEUTSCHES INSTITUT FÜR INTERNE REVISION e. V.

Thomas Berger
Sprecher des Vorstands

Jens Motel
Mitglied des Vorstands

# 1 Einleitung

Was früher ein Hausmeister war, ist jetzt ein Facility Manager. Ein Begriff mit der gleichen Bedeutung? Nicht ganz. Während der Hausmeister eher der Handwerker war, der in der Liegenschaft nach dem Rechten sieht und Reparaturen selbst durchführt, ist der Facility Manager eher der Verantwortliche einer Liegenschaft, der die Bewirtschaftung von Gebäuden oder Anlagen und damit deren ordnungsgemäßen und wirtschaftlichen Betrieb sicherstellt. Mit dem geänderten Aufgabenspektrum und der gestiegenen Komplexität der Tätigkeit haben sich auch die Anforderungen an die Qualifikation der Verantwortlichen verändert: Von der Ausbildung in vorwiegend handwerklichen Tätigkeiten, für die es Ausbildungsberufe gibt, hin zu Fachausbildungen und Studiengängen. Der Handwerker ist auch heute noch wichtig und wertvoll, erbringt jedoch häufig seine Tätigkeit als externer Dienstleister.

In den vergangenen Jahren hat sich der Aufgabenbereich des Facility Managers immer weiterentwickelt und auch verändert. Die Erkenntnis, dass der Großteil der Lebenszykluskosten für ein Gebäude nicht in der Bauphase, sondern in der Nutzungsphase entsteht, hat die Relevanz für ein strukturiertes und systematisches Facility-Management erhöht.

Je nach Gebäudeart und Ausbaustandard kann man grob davon ausgehen, dass ca. 80% der im Lebenszyklus eines Gebäudes entstehenden Kosten im Betrieb anfallen. Die Grundlage für die Betriebskosten werden jedoch bereits in der Planungsphase gelegt, was zur Folge hat, dass das Facility-Management bereits in der Planung einer Investition eingebunden werden sollte.

Das wachsende Nachhaltigkeitsbewusstsein der Gesellschaft führt dazu, dass Investitionen zu Gunsten eines geringeren Energie- und Ressourcenverbrauchs steigen. Gleichzeitig müssen die für den Betrieb der Gebäude und Anlagen bestehenden gesetzlichen Anforderungen und die anfallenden Bewirtschaftungskosten gut gesteuert und verwaltet sein, um die Funktionalität sowie den gesetzeskonformen und wirtschaftlichen Betrieb der Gebäude und Anlagen sicherzustellen.

Diese Aspekte sollen durch die Ausführungen dieses Prüfungsleitfadens hinterfragt werden, um den Praktikern eine Unterstützung in der revisorischen Tätigkeit im Gebiet des Facility-Managements zu bieten.

Der Leitfaden richtet sich hierbei insbesondere an Unternehmen, bei denen Facility-Management nicht der Unternehmenszweck ist, sondern dazu dient, das Kerngeschäft zu unterstützen. Dennoch sind zahlreiche Fragestellungen in diesem Leitfaden auch für Hausverwaltungen und Facility-Management-Anbieter hilfreich.

Da die Aufgaben des Facility-Managements komplex und vielfältig sind, werden in diesem Leitfaden ausgewählte Teilaspekte, die aus Sicht der Autorinnen und Autoren größere Relevanz haben, aufgeführt. Sie erheben keinen Anspruch auf Vollständigkeit. Darüberhinausgehende Aufgaben, die das Facility-Management in einzelnen Unternehmen zusätzlich übernommen hat (z.B. Fuhrparkmanagement, Verwaltung der Poststelle, Catering/Kantinenbetrieb usw.) sind hier nicht weiter ausgearbeitet.

In der DIIR-Schriftenreihe sind weitere Leitfäden veröffentlicht worden, welche teilweise auch für die Prüfung von Facility-Management-Themen herangezogen werden können:

Band 6 Revision von Bauleistungen.

Band 55 Revision der Beschaffung spezieller Dienstleistungen (Beratung, Marketing, IT-Outsourcing und Reinigung)

Band 61 Revision der Beschaffung von Logistik- und Cateringdienstleistungen sowie Compliance im Einkauf

# 2 Governance

Unter Governance versteht man im Allgemeinen den rechtlichen Ordnungsrahmen, in welchem ein Unternehmen agiert. Dieser wird im Wesentlichen durch interne und externe Vorgaben definiert, die den Verantwortungs- und Handlungsspielraum der Akteure festlegen. Diese gelten nicht nur für den Bereich Facility-Management, sondern für alle Bereiche eines Unternehmens. An dieser Stelle weisen wir lediglich auf die besonderen Anforderungen an das Kernthema Facility-Management hin. Das Thema Governance wird nicht ausschließlich in diesem einleitenden Kapitel behandelt, sondern spiegelt sich in vielen Fragen der Folgekapitel wider.

**Wesentliche Risiken im Bereich Governance**

Gefahr des Organisationsverschuldens, falls das Unternehmen keine ausreichende Organisationsstruktur aufgebaut hat, die die Einhaltung von gesetzlichen und wirtschaftlichen Anforderungen gewährleistet.

*Revisionsfragen:*

- Besteht eine geordnete Aufbau- und Ablauforganisation? Ist das Facility-Management (als interne/externe Funktion oder auch als in verschiedenen Abteilungen integrierte Funktion, z.B. im Gebäudebetrieb) in diese Organisation ausreichend eingebunden?
- Besteht eine ausreichende schriftlich fixierte Ordnung? Welche internen Vorgaben liegen vor (z.B. Kompetenz- und Einkaufsrichtlinien etc.). Sind diese aktuell, ausreichend und allen Beteiligten bekannt? Gibt es Arbeitsanweisungen und definierte Prozesse, die die Einhaltung der definierten Anforderungen sicherstellen?
- Gibt es eine daraus abgeleitete Facility-Management-Strategie und wie ist diese definiert?
- Liegt eine Make-or-Buy-Entscheidung des Managements bzgl. des Facility-Managements vor? Wenn ja, wie wurde diese umgesetzt? Wird diese Entscheidung in regelmäßigen Abständen hinterfragt?
- Wurde ein Risikomanagement- und ein Compliance-Managementsystem eingeführt und werden die darin enthaltenen Risiken regelmäßig beurteilt? Sind hierbei auch Risiken aus dem Umfeld Facility-Management enthalten?
- Ist das Facility-Management bzw. der interne Gebäude-/Anlagenbetrieb ausreichend geregelt (z.B. durch Richtlinien, Arbeitsanweisungen, Prozessbeschreibungen etc.)?

- Welche Vorgaben gibt es für die Vergabe von großen Auftragsvolumen? Sind in diesem Prozess Entscheidungsbefugnisse definiert? Sind Betragsgrenzen definiert für einzelne Personen oder Positionen? Sind Funktionstrennung und das Prinzip der Doppelzeichnung (Vier-Augen-Prinzip) im Prozess verankert?
- Gibt es ein Lieferantenmanagement? Welche Präqualifikationsverfahren gibt es? Sind diese angemessen?
- Wie ist sichergestellt, dass rechtliche Vorgaben, z.B. Mindestlohnstandards, Vermeidung von verdeckter Arbeitnehmerüberlassung/Scheinselbstständigkeit durch die Auftragnehmer eingehalten werden?
- Werden die Verträge entsprechend einer geltenden (internen) Unterschriften-/Vollmachtsregelung unterzeichnet?

# 3 Betreiberverantwortung

Der Begriff Betreiberverantwortung ist gesetzlich nicht eindeutig definiert. Im Grunde versteht man darunter die systematische Einhaltung der vielfältigen Pflichten und Aufgaben, die der Betreiber einer Immobilie sicherstellen muss, um bestehende Gefahren zu erkennen und Schäden daraus zu minimieren oder, noch besser, zu verhindern. Im BGB wird an Stelle des Begriffes „Verantwortung" der Begriff „Haftung" verwendet, der sich aus einer nicht ausreichenden Wahrnehmung der Verantwortung ableitet.

**Wesentliche Risiken im Bereich Betreiberverantwortung**

- Haftung für Personen- und Sachschäden
- Gefahr des Organisationsverschuldens mit Haftung der Geschäftsführung bei mangelnder Umsetzung der Betreiberverantwortung
- Stilllegung/Sperrung von Anlagen auf Grund von nicht oder mangelhaft umgesetzten Betreiberpflichten

Die einzelnen Aufgaben und Pflichten, die der Betreiber einer Immobilie und Anlage erfüllen muss, sind in umfangreichen Gesetzen und Richtlinien beschrieben. Diese sind möglichst genau zu erfassen und durch das verantwortliche Facility-Management zu berücksichtigen.

Die Begriffe Betreiberverantwortung und Betreiberpflicht werden häufig synonym verwendet. Selbst die Frage wer der Betreiber ist und was genau unter dem Begriff „betreiben" verstanden werden kann, bietet einen gewissen Interpretationsspielraum: Wie grenzt sich z.B. das Betreiben vom Benutzen ab?

Wer ist Betreiber?

- Gemäß dem Grundsatz „Eigentum verpflichtet" ist der Betreiber einer Immobilie oder Anlage der Eigentümer oder Besitzer als Einzelperson oder in Form eines Unternehmens. Mieter und Nutzer können die Verantwortung eines Betreibers auferlegt bekommen, wenn diese korrekt übertragen wurde.

Was ist Verantwortung?

- Verantwortung ist die Pflicht, für Handlungen und Unterlassungen einzustehen und die Folgen zu tragen. Diese Verantwortung ist sowohl in gesetzlichen Vorgaben, die Handlungen zur Abwehr von Gefahren definieren, und in Verordnungen definiert, welche eine Gefährdungsbeurteilung fordern, um daraus geeignete Maßnahmen zur Gefahrenabwehr abzuleiten (z.B. Betriebssicherheitsverordnung). Dies betrifft zum Beispiel die Einhaltung von Brandschutzvorgaben (keine verkeilten Brandschutztüren, keine verstellten Fluchtwege usw.).

Die Betreiberverantwortung beinhaltet alle Betreiberpflichten, die aus der Gesamtheit aller für den Betrieb einer Anlage oder Immobilie definierten Pflichten resultieren. Diese Pflichten können sich auf die Organisation und Führung des Betriebes und seiner Mitarbeiter, sowie auf die Durchführung einzelner Aufgaben (Prüfungen, Wartungen etc.) erstrecken.

Delegation der Betreiberverantwortung: Die Betreiberverantwortung kann auch delegiert werden, was jedoch im Rahmen der ungenauen Begrifflichkeit nicht einfach ist. Um die Delegation transparent und eindeutig durchführen zu können, sind folgende Aspekte zu berücksichtigen:

- Klare Definition und Abgrenzung des Inhalts und Umfangs der übertragenen Pflichten (durch Anweisung oder Vertrag) und deren Dokumentation.
- Sorgfältige Auswahl des Delegationsempfängers und deren Dokumentation.
- Ausstattung des Delegationsempfängers mit allen erforderlichen Mitteln und Kompetenzen.
- An-/Ein- und Unterweisung des Delegationsempfängers einschließlich entsprechender Dokumentation.
- Laufende Überwachung des Delegationsempfängers.

Ein Teilbereich der Betreiberverantwortung ist die Verkehrssicherungspflicht. Diese fordert, dass derjenige, der für eine potenzielle Gefahrenquelle verantwortlich ist, d.h. in der Regel Eigentümer/Besitzer oder Betreiber, dafür sorgen muss, dass keine Gefahr von dieser ausgeht. Häufig betrifft dies Wege, Baustellen und Orte mit Rutsch-, Stolper- und Absturzgefahr, kann sich aber auch auf angrenzende Bereiche beziehen, von denen eine Gefahr ausgehen kann, z.B. herabfallende, lose Dachplatten oder herabhängende Äste, Dachlawinen, Stromschlag durch defekte Kabel usw.

Die Abwehr dieser Gefahren muss in einem Betrieb ausreichend organisiert werden, um ein sog. Organisationsverschulden und damit die persönliche Haftung der Geschäftsführung zu vermeiden. Hierbei stellt sich die Frage, ob in der Organisation die Maßnahmen und Tätigkeiten zur Verkehrssicherung ausreichend sind und diese ausreichend sorgfältig geplant und durchgeführt wurden.

*Revisionsfragen:*

- Liegt eine Übersicht über alle einschlägigen Rechtsvorschriften bezüglich Verkehrssicherungspflichten (z.B. BetrSichV, BGB, OWiG) und gegebenenfalls einzuhaltenden Normen (z.B. DIN) vor?

- Liegt eine Übersicht aller Prozesse und Objekte/Anlagen vor, für die dem Unternehmen Verpflichtungen aus der Verkehrssicherung und Betriebssicherung entstehen? Wird diese regelmäßig aktualisiert? Gibt es hierzu regelmäßige dokumentierte Begehungen, welche die erforderliche Einhaltung der Sorgfaltspflicht nachweisen?
- Sind alle daraus resultierenden Aufgaben korrekt und eindeutig zugeordnet? Sind hierbei Stellvertreter benannt?
- Ist gewährleistet, dass alle Stellen und Mitarbeiter im Unternehmen, die für die Sicherstellung der Verkehrssicherheit verantwortlich sind, über die einschlägigen Rechtsvorschriften, die aktuelle Rechtsprechung und betroffenen Normen informiert sind?
- Ist die Betreiberverantwortung rechtssicher unter Beachtung der oben erwähnten Kriterien delegiert worden? Ist dies juristisch geprüft worden?
- Sind die aus der Betreiberverantwortung und der Verkehrssicherungspflicht resultierenden Risken im Risikomanagement berücksichtigt?
- Wird die Einhaltung der Betreiberverantwortung und der Verkehrssicherungspflicht regelmäßig kontrolliert (vor allem bei delegierten Aufgaben)?
- Sind die aus der Betreiberverantwortung resultierenden Aufgaben ausreichend genau angewiesen (z. B. Schneeräumplan in einem Wohngebäude) und wird die Einhaltung nachweislich regelmäßig kontrolliert?
- Welche Festlegungen sind für den Fall der Gefahr in Verzug getroffen worden und wo sind diese dokumentiert? Gibt es hierfür interne Handlungsanweisungen wie z. B. ein Notfallhandbuch?
- Werden erforderliche Wartungen und Prüfungen ausreichend geplant, durchgeführt und dokumentiert? Werden festgestellte Mängel nachweislich beseitigt?

# 4 IKS und Risikomanagement

## 4.1 Internes Kontrollsystem (IKS)

Ein funktionierendes internes Kontrollsystem stellt die Funktionsfähigkeit aller wesentlichen Geschäftsprozesse sicher. Es schützt alle Unternehmensbereiche vor Vermögens- und Reputationsschäden. Durch interne Kontrollen wird die Richtigkeit, Sicherheit und Ordnungsmäßigkeit von operativen Prozessen gewährleistet. Interne Kontrollen bestehen häufig aus dem Vier-Augen-Prinzip und der Funktionstrennung, können jedoch auch in automatisierten Kontrollprozessen, z.B. in definierten Grenzwerten, abgebildet sein. Diese sollten im Einklang mit den Vorgaben des Risikomanagements stehen (z.B. akzeptierter Verzicht auf ein 4-Augen-Prinzip für Rechnungen geringeren Umfangs).

**Wesentliche Risiken im Bereich IKS**

- Verstoß gegen Gesetze und Vorgaben
- Gefahr von Unregelmäßigkeiten (Fraud)
- Gefahr von Prozess- und Einzelfehlern
- Intransparenz von Geschäftsprozessen

Für die Einrichtung eines IKS gibt es gesetzliche Grundlagen, die in Abhängigkeit von der Rechtsform des Unternehmens definiert sind, z.B. im Handelsgesetzbuch (HGB), im Aktiengesetz (AktG), im Kreditwesengesetz (KWG), im Finanzmarktintegritätsstärkungsgesetz (FISG) usw.

Für die grundsätzliche Prüfung des IKS sei an dieser Stelle auf den Band 60 der DIIR-Schriftenreihe „Revision des Internen Kontrollsystems" verwiesen.

*Revisionsfragen:*

- Wie sind IKS und Risikomanagement organisiert? Ist das schlüssig? Sind die Schnittstellen ausreichend genau definiert? Wie sind die Verantwortlichkeiten für den Bereich Facility-Management geregelt und welche Kontaktpunkte gibt es?
- Sind die Strategien von IKS und Risikomanagement im Bereich Facility-Management im Einklang? Falls es Abweichungen gibt, was ist der Grund dafür?
- Ist ein angemessenes IKS im Facility-Management implementiert und gibt es dazu eine angemessene Dokumentation mit Verantwortlichkeiten?

- Wurden die Kernprozesse im Unternehmen im Zusammenhang mit Facility-Management identifiziert und sind die entsprechenden internen Kontrollen festgelegt (z.B. in einer Risiko-Kontroll-Matrix)? Sind diese vollständig und ausreichend?
- Gibt es im Bereich Facility-Management Arbeitsanweisungen, Richtlinien, Handbücher o.Ä.,
  - welche die Einhaltung des 4-Augen-Prinzips bei rechtsverbindlichen Geschäftsvorfällen vorgeben (z.B. Beauftragungen werden von der beschaffenden Stelle gemeinsam mit dem Einkauf unterzeichnet),
  - welche die Bearbeitung von Geschäftsvorfällen einer bestimmten Abteilung oder einer bestimmten Personengruppe vorbehält (z.B. Mietverträge werden nur vom Asset Management unterzeichnet),
  - welche die Funktionstrennung bei bestimmten Tätigkeiten und Aufgaben vorgibt,
  - welche sicherstellen, dass gesetzliche Vorgaben eingehalten werden?
- Liegen in der für das Facility-Management zuständigen Stelle klare Anweisungen vor, die die Kernprozesse des Facility-Managements regeln (Beschaffungsprozess, Leistungsabnahme und Kontrolle, Rechnungsbearbeitung inkl. Zahlung, etc.)? Sind diese Anweisungen vollständig, aktuell und für das Aufgabengebiet angemessen? Wie wird dies regelmäßig kontrolliert und dokumentiert? Welche Schritte werden eingeleitet, sollten sich bei der Kontrolle Auffälligkeiten ergeben?
- Sind Funktionstrennungen vorgesehen und werden diese eingehalten? Z.B. dürfen Personen, die Beauftragungen erteilen, den Wareneingang/die Erbringung der Leistung bestätigen und die Rechnung zur Zahlung anweisen? Wird die Einhaltung der Funktionstrennung regelmäßig geprüft oder systemseitig unterstützt?

## 4.2 Risikomanagement

Risikomanagement kann je nach Unternehmen oder Branche unterschiedlich ausgelegt werden. I.d.R. versteht man darunter die strukturierte Risikoidentifikation, die Quantifizierung und die Risikobeurteilung mit nachgelagerten Maßnahmen zur Risikobeherrschung oder -reduktion. Die Risiken werden von den einzelnen Abteilungen regelmäßig abgefragt und nach erfolgter Bewertung an die Geschäftsführung kommuniziert.

Die Prüfung des Risikomanagements durch die Interne Revision ist im DIIR Revisionsstandard Nr. 2 beschrieben.

**Wesentliche Risiken im Bereich Risikomanagement**

- Gefahr für Leib und Leben
- finanzielle Risiken durch unkontrollierten Mittelabfluss
- Störungen der Geschäftsprozesse,
- Bußgelder und/oder Reputationsschäden bei Verstoß gegen rechtliche Vorgaben
- Vermögensschäden
- Haftungsrisiken, insbesondere bei Organisationsverschulden

*Revisionsfragen:*

- Besteht eine angemessene Risikoorganisation? Wie ist diese aufgebaut? Sind Berichtslinien in die Geschäftsführung vorgesehen? Werden die für das Facility-Management spezifischen Risiken ausreichend im Risikomanagement berücksichtigt?
- Gibt es eine Übersicht über mögliche Facility-Management-Risiken? Sind diese nach Eintrittswahrscheinlichkeit und Auswirkung bewertet und gewichtet? Welche für das Facility-Management spezifischen Risiken wurden identifiziert (z.B. Personenschutz, Brandschutz, Betriebsunterbrechungen, Betriebsbereitschaft von Anlagen)? Sind sie vollständig und sind sie nach Eintrittswahrscheinlichkeit und möglichem Schadensumfang/Kritikalität eingestuft?
- Werden auch in den für das Facility-Management zuständigen Stellen regelmäßig Risiken im vordefinierten Rahmen abgefragt? Welche Meldegrenzen sind vorgegeben und sind diese sinnvoll? Werden neue Risiken/geänderte Risikosituationen zeitnah erkannt und erfasst?
- Welche Frühwarnindikatoren wurden zur frühzeitigen Erkennung von Facility-Management-Risiken bzw. deren Eintritt installiert? Werden Risiken nach deren Erfassung und Bewertung nachverfolgt, um auf Änderungen der Bewertungskriterien reagieren zu können?
- Wie wurden die Risiken aus Betreiberverantwortung und Arbeitssicherheit erkannt und erfasst? Wird mit diesen angemessen umgegangen?
- Wurden zu den Risiken angemessen Maßnahmen, die das Risiko abstellen oder vermindern, definiert? Z.B. liegt ausreichender Versicherungsschutz vor (siehe hierzu Kapitel 7.3)?

- Welche Facility-Management-Risiken werden bewusst (z.B. auf Grund des Kosten-Nutzen-Verhältnisses) akzeptiert/getragen? Ist dies schriftlich dokumentiert und den Verantwortlichen bekannt?
- Gibt es einen Plan zur Fortsetzung des Facility-Managements beim Eintreten von außergewöhnlichen Ereignissen (Business Continuity Management)?

# 5 Technisches Gebäudemanagement (TGM)

Das übergeordnete Ziel des TGM sind üblicherweise der Funktions- und Werterhalt der Immobilie. Das TGM beinhaltet alle Leistungen, die zum Betreiben und Bewirtschaften der baulichen und technischen Anlagen eines Gebäudes erforderlich sind. Hierzu gehören neben dem technischen Gebäudebetrieb auch die Medienversorgung, das Energiemanagement, Umbau- und Sanierungsmaßnahmen und das Umweltmanagement. (Konkrete Leistungen sind z. B. die Inbetriebnahme, die Prüfung, die Wartung, die Inspektion, die Instandsetzung oder die Verbesserung von baulichen oder technischen Anlagen.)

Zahlreiche rechtliche Regelungen und Richtlinien sind bei der Planung und Durchführung von technischen Instandhaltungsleistungen zu berücksichtigen. Hinzu kommen die unternehmensspezifischen Anforderungen an die Verfügbarkeit der technischen Anlagen. Eine vollständige und optimale Erbringung der technischen Service- und Instandhaltungsleistungen ist ohne die nötige Fachexpertise und eine sorgfältige Planung und Vorbereitung nicht gewährleistet.

**Wesentliche Risiken im Bereich des TGM**

Verstöße gegen rechtliche Vorgaben (z. B. Verkehrssicherungspflichten, Arbeitsschutz, Betriebssicherheitsverordnung, Prüfpflichten technischer Anlagen) können die Gesundheit von Mitarbeitern oder Gebäudenutzern gefährden, führen zu Haftungsrisiken und können mit Bußgeldern belegt werden.

Die Arbeitsplanung- und Organisation ist nicht effizient und verursacht vermeidbare Kosten.

Die Versorgungssicherheit und die Anlagenverfügbarkeit ist nicht sichergestellt, was in der Folge zu Betriebsausfällen führen kann.

Eine nicht rechtssichere Organisation und Leistungsdokumentation kann im Schadensfall zu einem Organisationsverschulden der verantwortlichen Führungskräfte im Unternehmen führen.

Mögliche Folgen nicht abgestimmter oder nicht passender Instandhaltungsstrategien:

- Der Werterhalt der Immobilie ist nicht sichergestellt.
- Mehraufwände/Mehrkosten entstehen durch unnötige Instandhaltungsmaßnahmen.
- Die Gebäudeinfrastruktur ist störanfällig oder unzureichend, weil Instandhaltung in zu geringem Umfang betrieben wird.

Aufgrund der erheblichen Haftungsrisiken im Schadensfall (z.B. Personenschäden, Produktionsausfälle oder Vermögensschäden) ist eine rechtssichere Organisation mit klarer Zuordnung von Verantwortlichkeiten und einer dokumentierten Leistungserbringung besonders wichtig.

## 5.1 Technisches Objektmanagement (TOM)

Um den technischen Gebäudebetrieb für eine Immobilie oder für ein ganzes Portfolio sicherzustellen, bedarf es einer Organisation zur Steuerung und Ausführung der operativen technischen Dienstleistungen. Im Facility-Management spricht man vom technischen Objektmanagement (TOM). Dieses kann – je nach Anforderung – klein und einfach aufgebaut (z.B. ein einzelner Hausmeister vor Ort, der die eingesetzten Nachunternehmer steuert) oder auch sehr komplex sein (z.B. in einem Krankenhaus, in dem zahlreiche Techniker und Spezialisten-Teams für den Betrieb verantwortlich sind).

**Wesentliche Risiken im Bereich des TOM**

Eine nicht geeignete oder unzureichende Organisation des Objektmanagements kann dazu führen, dass

- die aus dem Betrieb resultierenden Pflichten nicht systematisch erfasst werden oder nicht nachweisbar erfüllt werden (Haftungsrisiken),
- Aufgaben und Verantwortlichkeiten für den sicheren Betrieb nicht klar definiert sind oder Stellvertreterregelungen fehlen,
- die Betreiberpflichten möglicherweise nicht klar organisiert und zugeordnet sind oder nicht ausreichend wahrgenommen werden,
- Leistungen nicht termingerecht oder in unzureichender Qualität ausgeführt werden,
- die Leistungen unwirtschaftlich organisiert oder erbracht werden und damit erhöhte Kosten verursachen.

Zu geringe personelle Kapazitäten oder eine unzureichende Qualifikation der verantwortlichen Mitarbeiter kann zu einer mangelhaften Leistungsqualität und Leistungsdefiziten führen.
Eine unzureichende oder nicht zeitnahe Leistungsdokumentation im Objektmanagement kann

- im Schadensfall zu einem Organisationsverschulden der verantwortlichen Führungskraft mit den entsprechenden Haftungsrisiken führen,
- Schnittstellenprobleme verursachen,

- unnötige Mehraufwände und Kosten verursachen,
- zu Verzögerungen und einer reduzierten Servicequalität führen, weil der Arbeitsstatus unbekannt sind und Serviceaufträge nicht strukturiert erfasst und abgearbeitet werden.

Nicht aktuelle oder nicht vorhandene Notfallpläne bergen Haftungsrisiken und können im Notfall Personen-, Sach- und Vermögensschäden nach sich ziehen.

Fehlende oder fehlerhafte Bestandsdokumentationen können zu Mehraufwänden und Verzögerungen führen.

Je nachdem, ob das Facility-Management in Eigen- oder Fremdleistung erbracht wird, ist das TOM Teil der eigenen Organisation, oder es ist ganz oder in Teilen ausgelagert. Bei Auslagerungen von (Teil-)Leistungen sollte geprüft werden, ob der Auftraggeber seinen Kontroll- und Überwachungspflichten nachkommt und wie die Qualitätssicherung sichergestellt wird.

In Bezug auf die Wirtschaftlichkeit der Leistungserbringung ist die Wahl einer geeigneten Fremd- und Eigenleistungsstrategie entscheidend. Hierauf sollte ein Hauptaugenmerk in der Prüfung liegen. Eine wesentliche Voraussetzung für das Sicherstellen der Betreiberverantwortung ist, dass eine Objekt- und Ablauforganisation mit klaren Verantwortlichkeiten und dokumentierten Prozessen vorhanden ist.

Häufig ist die Leitung des TOM auf übergeordneter Ebene auch für die Durchführung von Infrastrukturellen Dienstleistungen (IGM-Leistungen) verantwortlich. In vielen Firmen ist es der sogenannte Hausmeister, der sich um kleinere technische Probleme oder Reparaturen und Zusatzleistungen wie z.B. kleinere Transporte kümmert (vgl. Kapitel 6.6 Hausmeisterdienste). Bei größeren oder komplexeren Liegenschaften ist die Leitung des TOM in der Regel eine Führungskraft mit direkter fachlicher und disziplinarischer Verantwortung für die im technischen Objektbetrieb tätigen Mitarbeiter.

### *5.1.1 Organisation*

*Revisionsfragen:*

- Was sind die konkreten Aufgaben und Verantwortungsbereiche des Teams? Wo sind diese schriftlich definiert/fixiert? Sind diese den Verantwortlichen bekannt?
- Ist sichergestellt, dass das Facility-Management die Gebäudenutzer bei allen Immobilienthemen maximal unterstützt und sie von diesen Themen entlastet? Welche Schnittstellen haben die Gebäudenutzer zum Facility-Management? Gibt es Aufgaben, die Gebäudenutzer im Zusammenhang mit dem Gebäudebetrieb übernehmen?

- Wie ist die Organisation des TOM? Wie groß ist das Team? Ist die Organisation angemessen?
- Wer trägt die fachliche, wer die disziplinarische Verantwortung im Team? Wie ist sichergestellt, dass die verantwortliche Objektleitung den notwendigen Durchgriff auf die im Objekt/in den Objekten tätigen Mitarbeiter besitzt?
- Welche Aufgaben des TGM werden in Eigenleistung erbracht, welche werden extern vergeben? Ist diese Aufteilung sinnvoll? Sind die Schnittstellen klar definiert?
- Sind ausreichend personelle Kapazitäten vorhanden und passen die Qualifikationen zu den Anforderungen?
- Werden die im Objektmanagement tätigen Mitarbeiter regelmäßig fortgebildet? Sind die Inhalte der Fortbildungen sinnvoll und zielführend?
- Sind Vertretungsregelungen implementiert? Sind diese schriftlich fixiert und den Mitarbeitern bekannt? Hat es in der Vergangenheit Probleme bei der Vertretung von Mitarbeitern gegeben? Welche?
- Sind Kompetenzen und Verantwortlichkeiten klar definiert, dokumentiert und kommuniziert?
- Wie ist sichergestellt, dass im Team alle Mitarbeiter über aktuelle Themen und wichtige Vorkommnisse informiert sind?
- Sind Arbeitsprozesse definiert und schriftlich dokumentiert? Welche? Sind diese ausreichend und aktuell? Sind sie den Mitarbeitern bekannt?
- Gibt es weitere Arbeitsanweisungen in der Abteilung? Sind diese aktuell und den Mitarbeitern der Abteilung bekannt?
- Wie treten die Nutzer oder Mieter in Kontakt mit dem TOM? Sind die Kommunikationswege klar kommuniziert und den Gebäudenutzern bekannt?
- Welche übergeordneten Vorgaben in Bezug auf das Facility-Management gelten für die Mitarbeiter des Unternehmens?
- Gibt es Unterschriftenregelungen? Sind diese aktuell? Werden diese eingehalten?
- Welche im Facility-Management eingesetzten oder für das Facility-Management verantwortlichen Mitarbeiter besitzen eine Handlungsvollmacht? Sind die Handlungsvollmachten gültig in Kraft gesetzt, angemessen und ausreichend? Werden die Handlungsvollmachten regelmäßig überprüft? In welchem Turnus?
- Wie ist sichergestellt, dass die Mitarbeiter über die Änderung rechtlicher Rahmenbedingungen in ihrem Aufgabenbereich informiert sind?

- Mit wie vielen externen Firmen wird zusammengearbeitet? Gibt es ein Nachunternehmerkonzept? Sind die Anzahl und Auswahl der eingesetzten Firmen angemessen?
- Ist dem Objektmanagement die grundsätzliche Thematik der Datenschutzgrundverordnung (DSGVO) bekannt? An welchen Stellen wird mit personenbezogenen Daten gearbeitet, werden diese an Dritte weitergegeben und wie wird die DSGVO an diesen Stellen umgesetzt?
- Liegt ein angemessenes und aktuelles Sicherheitskonzept mit Notfallplänen vor? Wo ist dieses hinterlegt? Wer ist für die Umsetzung und laufende Aktualisierung des Konzeptes verantwortlich? Wie ist sichergestellt, dass alle Mitarbeiter darüber hinreichend informiert sind?
- Wie sind die Schnittstellen zur Feuerwehr definiert? Wie ist sichergestellt, dass diese den handelnden Personen bekannt sind?

### *5.1.2 IT-Tools, Systemunterstützung und IT-Sicherheit*

*Revisionsfragen:*

- Wird eine professionelle CAFM-Software, die alle Leistungen des technischen Facility-Managements abbildet, eingesetzt? Welche? Wann wurde diese eingeführt? Auf Basis welcher Kriterien wurde die Software ausgewählt?
- Wurde die interne IT-Abteilung bei der Auswahl eins CAFM-Systems mit eingebunden und hat sie es freigegeben?
- Wer arbeitet mit der Software? Gibt es ein Berechtigungskonzept? Ist dieses aktuell und wird es regelmäßig überprüft?
- Welche Leistungen werden im System dokumentiert? Sind die erbrachten Leistungen durchgängig im System erfasst? (Eine stichprobenbasierte Prüfung wird empfohlen).
- Welche weiteren IT-Tools werden im Objektmanagement genutzt? Wofür?
- Wer arbeitet mit den Tools? Gibt es Zugangsregelungen bzw. Berechtigungskonzepte?
- Sind die eingesetzten Tools lizenziert und qualitätsgesichert?
- Bilden die Funktionen der eingesetzten Tools die Bedürfnisse des TOM ab?
- Welche Unterstützung bieten die Tools in Bezug auf die Vermeidung eines Organisationsverschuldens und der Wahrnehmung der Betreiberverantwortung?
- Werden selbst erstellte Tools eingesetzt? Wenn ja, wofür und wie werden die Tools qualitätsgesichert?

- Wie ist sichergestellt, dass im Falle eines Rechner- oder Serverausfalls keine Daten verloren gehen? Wie ist sichergestellt, dass extern gehostete Daten dem Unternehmen zu jeder Zeit zur Verfügung stehen?
- Falls kein ganzheitliches CAFM-Tool genutzt wird, wie wird sichergestellt, dass erbrachte Leistungen durchgängig dokumentiert werden?
- Werden personenbezogene Daten in IT-Systemen erfasst und bearbeitet? Wenn ja, welche Daten in welchen Systemen? Werden die Anforderungen der DSGVO an diesen Stellen umgesetzt?

Fragen speziell bei Einsatz eines externen Facility-Management-Dienstleisters:

- Welche CAFM-Software setzt der Dienstleister ein? Gibt es auftraggeberseitig Vorgaben bzgl. der Funktionalitäten des Systems? Sind diese sinnvoll/angemessen? Werden diese erfüllt?
- Gibt es ein Kundenportal im Internet? Welche Informationen können über das Kundenportal abgerufen werden?
- Sind die Daten im Kundenportal aktuell und gepflegt? Handelt es sich um Echtzeitdaten aus dem CAFM-System des Dienstleisters?
- Wird das regelmäßige Reporting termingerecht über das Kundenportal zur Verfügung gestellt?
- Handelt es sich bei dem Portal um ein reines Informationsportal oder hat das Portal weitere Funktionen (z.B. Angebotseinstellungen und Beauftragungen oder Freigaben über das System)?
- Wie ist die technische Verfügbarkeit des Systems, und sind die Ladezeiten der Website akzeptabel? Wie ist die Bedienerfreundlichkeit?
- Wer hat Zugriff auf das Kundenportal? Wie häufig wird es aktiv genutzt? Welche Controlling-Aufgaben werden mithilfe des Tools bedient?
- Nutzt der externe Facility-Management-Dienstleister Firmensoftware (z.B. Adressverzeichnisse, Lagerhaltungssoftware o.Ä.)? Wie ist bei einem Wechsel des Facility-Management-Dienstleisters sichergestellt, dass keine Zugriffsmöglichkeiten auf die Systeme mehr bestehen?

### *5.1.3 Bestandsdokumentation*

Um die Instandhaltung der technischen Gebäudeausrüstung (TGA) planen zu können, ist es erforderlich, eine Übersicht über alle technischen Anlagen im Gebäude mit den relevanten technischen Daten zu besitzen. Falls diese Informationen nicht vollständig vorhanden sind, sollte eine Anlagenaufnahme durchgeführt werden, bei der die Anlagen mit den wartungsrelevanten technischen Komponenten, sowie den Leistungsdaten, den Anlagentypen und

Herstellern erfasst werden. Des Weiteren sind die durchzuführenden Leistungen inklusive des Turnus festzulegen und präzise zu beschreiben. Hierbei ist zu beachten, dass Rechtsvorschriften und Herstellervorgaben eingehalten werden. Bezüglich der Beschreibung der durchzuführenden Tätigkeiten bietet es sich an, auf vorhandene Standards (z.B. VDI-Standards) zurückzugreifen.

*Revisionsfragen:*

- In welcher Form liegt eine Bestandsdokumentation vor? Wurden initial Daten aus Building Information Modelling (BIM) übernommen? Wie wurden diese übernommen?
- Wurde die Bestandsdokumentation auf Vollständigkeit geprüft? Wann? Von wem? Mit welchem Ergebnis? Ist dies dokumentiert?
- Gibt es relevante Lücken in der Bestandsdokumentation? Wenn ja, warum und welche Maßnahmen wurden ergriffen, um diese zu schließen?
- Werden die Bestandsunterlagen zentral verwaltet? Welches System wird genutzt? Wo sind die Unterlagen abgelegt?
- Wie wird die Erfassung von Änderungen in der Bestandsdokumentation sichergestellt?
- Durch wen werden die Änderungen vorgenommen und wie werden diese kenntlich gemacht?
- Falls BIM-Systeme bei der Planung eingesetzt werden, wie ist sichergestellt, dass Daten standardisiert und die für den Betrieb relevanten Daten verfügbar sind? Gibt es elektronische Schnittstellen?
- Wie hoch sind die jährlichen Kosten, die durch die Bestandsdokumentation verursacht werden?
- Liegen aktuelle Pläne, insbesondere Grundrisspläne, vor?
- Liegen alle relevanten Baugenehmigungen und Genehmigungen von Nutzungsänderungen vor? Sind darin Auflagen definiert und werden diese eingehalten?
- Liegt eine vollständige und aktuelle Anlagenübersicht vor? Wie ist sichergestellt, dass diese immer auf dem aktuellen Stand ist?
- Sind in dieser alle notwendigen Anlagenparameter (z.B. Hersteller, Anlagentyp, Baujahr, Leistungsdaten) erfasst?
- Liegen alle notwendigen Brandschutznachweise vor?

Fragen speziell bei Einsatz eines externen Facility-Management-Dienstleisters:

- Wurden die für den externen Facility-Management-Dienstleister wichtigen Unterlagen vollständig übergeben? Wurde die Übergabe dokumentiert und vom Facility-Management-Dienstleister quittiert?

## 5.2 Instandhaltung

Der Begriff Instandhaltung wird in der DIN 31051:2003-06 definiert als „Kombination aller technischen und administrativen Maßnahmen sowie Maßnahmen des Managements während des Lebenszyklus einer Betrachtungseinheit zur Erhaltung des funktionsfähigen Zustandes oder der Rückführung in diesen, sodass sie die geforderte Funktion erfüllen kann."

Zur Instandhaltung gehören die in Abbildung 1 dargestellten Elemente.

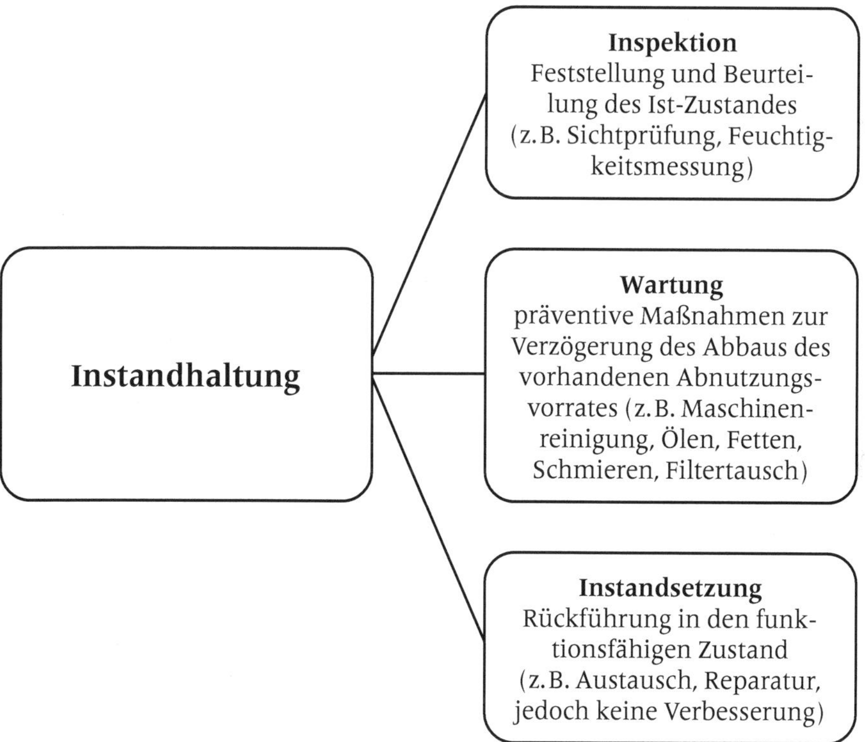


*Abb. 1: Elemente der Instandhaltung*

**Wesentliche Risiken im Bereich der Instandhaltung**

Die festgelegte oder gelebte Instandhaltungsstrategie kann die Unternehmensziele konterkarieren. Beispiele hierfür sind:

- Hohe Instandsetzungskosten im Gebäude, obwohl das Unternehmen plant, den Standort zu verlassen.
- Kosten aufgrund unnötiger Service Level Agreements.
- Betriebsausfälle aufgrund maroder Anlagen, in die nicht ausreichend investiert wurde.

Eine dokumentierte, vorausschauende gesetzes- und richtlinienkonforme Instandhaltungsplanung mit Berücksichtigung der vorhandenen Ressourcen liegt nicht vor.

Die fach- und termingerechte Umsetzung der geplanten Instandhaltungsmaßnahmen, inklusive einer gerichtsfesten Dokumentation der durchgeführten Leistungen findet nicht durchgängig statt.

- Es bestehen Haftungs- und Betreiberverantwortungsrisiken, der Wert- und Funktionserhalt der Anlagen ist nicht sichergestellt und Leistungen werden möglicherweise nicht wirtschaftlich erbracht.

Es gibt kein professionelles Störmanagement mit dokumentierter Erfassung und Nachverfolgung von Stör- und Fertigmeldungen, inklusive der Reaktions- und Behebungszeiten entsprechend vertraglicher Vereinbarungen bzw. betrieblicher Vorgaben.

Eine fach- und termingerechte Durchführung von ungeplanten Instandhaltungsmaßnahmen und Kleinaufträgen entsprechend der unternehmensinternen Vorgaben und Freigabeprozesse und der vereinbarten Instandhaltungsstrategie ist nicht sichergestellt.

- Der Funktionserhalt der Anlagen ist nicht sichergestellt. Dieses kann die Nutzung des Gebäudes und den Komfort beeinträchtigen und im extremen Fall zu Betriebsausfällen führen.

Regelmäßige Instandhaltungsmaßnahmen werden sowohl an den technischen Anlagen als auch an einzelnen Bauteilen (z. B. die regelmäßige Prüfung von Brandschutztoren und -türen, Inspektion von Dächern) durchgeführt. Der Großteil der planbaren Instandhaltungsaufgaben entfällt jedoch auf die technischen Anlagen.

Die technische Gebäudeausrüstung (TGA) ist der Überbegriff für die Technischen Anlagen, die in der Kostengruppe 400 der DIN 276 „Kosten im Bauwesen“ aufgelistet werden:

- 400 Bauwerk – Technische Anlagen
- 410 Abwasser-, Wasser-, Gasanlagen

- 420 Wärmeversorgungsanlagen
- 430 Raumlufttechnische Anlagen
- 440 Elektrische Anlagen
- 450 Kommunikations-, sicherheits- und informationstechnische Anlagen
- 460 Förderanlagen
- 470 Nutzungsspezifische und verfahrenstechnische Anlagen
- 480 Gebäude- und Anlagenautomation
- 490 Sonstige Maßnahmen für technische Anlagen

Die technische Revision hat zur Vermeidung der zu Beginn dieses Kapitels erfassten Risiken die Aufgabe festzustellen, ob alle rechtlichen Anforderungen erfüllt werden und der Funktions- und Werterhalt der technischen Anlagen sichergestellt ist.

### *5.2.1 Instandhaltungsstrategien*

Abhängig von den Miet- und Eigentumsverhältnissen einer Immobilie, dem Gebäudealter, der Gebäudenutzung, der Kritikalität von Anlagenausfällen und weiterer Parameter gibt es unterschiedliche Instandhaltungsstrategien.

Unnötige Kosten und Aufwände können entstehen, wenn keine definierte Instandhaltungsstrategie vorliegt und Maßnahmen umgesetzt werden, ohne die langfristigen Unternehmenspläne zu berücksichtigen.

Grundsätzlich wird zwischen einer präventiven und einer reaktiven Instandhaltung (ungeplante Instandhaltung) unterschieden.

#### *Präventive Instandhaltung*

Bei der präventiven Instandhaltung werden Anlagen und Gebäudekomponenten regelmäßig inspiziert und gewartet. Ältere oder schadhafte Einzelteile, Komponenten oder ganze Anlagen werden überwiegend ausgetauscht, bevor die Anlage oder das Bauteil versagt. Wenn bei Wartungen Mängel festgestellt werden, werden diese umgehend behoben.

Die Ziele einer präventiven Instandhaltungsstrategie sind:

- durchgängig hohe Gebäude- und Nutzungsqualität
- hohe Anlagenverfügbarkeit
- Vermeidung/Minimierung von Störungen
- Steigerung der Lebensdauer von Anlagen und Bauteilen
- Werterhalt der Anlagen und Bauteile

*Reaktive (ungeplante) Instandhaltung*

Bei einer reaktiven Instandhaltung werden Anlagen und Bauteile sehr wenig oder nicht bzw. nicht regelmäßig instandgehalten. Erst wenn eine Anlage oder ein Bauteil ausfällt, bzw. 23nn eine Störung auftritt, wird reaktiv instandgesetzt. Bei dieser Instandhaltungsstrategie stehen der Werterhalt und eine hohe Anlagenverfügbarkeit nicht im Fokus. In der Regel wird eine solche Strategie zum Ende des Lebenszyklus einer Immobilie oder vor einer größeren Revitalisierungsmaßnahme umgesetzt. Bei Umsetzung einer reaktiven Instandhaltungsstrategie ist zu beachten, dass nicht gänzlich auf Inspektionen und Wartungsmaßnahmen verzichtet werden darf. Gesetzliche Vorgaben wie das Arbeitsschutzgesetz (ArbSchG), die Arbeitsstättenverordnung (ArbStättV), die Betriebssicherheitsverordnung (BetrSichV), die Prüfverordnungen (PVO) der Länder, die Gefahrstoffverordnung (GefStoffV) oder die Versammlungsstättenverordnungen der Länder sind zu beachten.

Die Ziele einer reaktiven Instandhaltungsstrategie sind:

- geringe laufende Instandhaltungskosten
- Minimierung von Investitionsmaßnahmen

In der Praxis werden sowohl die präventive als auch die reaktive Instandhaltungsstrategie in einem Gebäude angewendet, z.B. wird eine überwiegend reaktive Instandhaltung für Anlagen, die am Ende ihrer Lebensdauer sind, angewendet, und neuere Anlagen werden präventiv instandgehalten.

*Zustandsorientierte Instandhaltung*

Eine Variante, die die präventive und die reaktive Instandhaltungsstrategie miteinander verbindet, ist die zustandsorientierte Instandhaltung. Bei dieser Strategie wird der Zustand der jeweiligen Anlage oder des Bauteils in regelmäßigen Abständen überprüft, und Wartungen oder Instandsetzungen werden in Abhängigkeit vom tatsächlichen Zustand durchgeführt.

Die Ziele der zustandsorientierten Instandhaltung sind identisch mit denen der präventiven Instandhaltung. Gleichzeitig sollen der laufende Instandhaltungsaufwand und der Wartungsaufwand reduziert und optimiert werden.

Das Konzept der zustandsorientierten Instandhaltung stammt aus dem produzierenden Gewerbe und wurde für Gebäude übernommen. Häufig werben externe Facility-Management-Dienstleister mit diesem Konzept und versprechen eine Kostenreduzierung bei gleichbleibender Anlagenverfügbarkeit und -qualität. Nicht immer werden diese Versprechen eingehalten und die Konzepte erfolgreich umgesetzt. Deshalb sollten sowohl das Konzept als auch die Umsetzung kritisch hinterfragt und vor Ort überprüft werden.

*Revisionsfragen:*

- Liegt eine dokumentierte Instandhaltungsstrategie vor? Wer hat diese erstellt? Wer hat sie frei gegeben? Wird diese regelmäßig hinterfragt und bei Bedarf angepasst?
- Wie spiegelt sich die gewählte Instandhaltungsstrategie in den Verträgen mit Nachunternehmern wider (Normal-/Teilwartung, Vollwartungsvertrag, Übernahme von Kleinreparaturen ohne Genehmigung, vorab genehmigte Budgets für Instandsetzung)?
- Ist die Strategie den handelnden Personen bekannt? Wurde die Strategie ausreichend kommuniziert?
- Wird die Strategie umgesetzt? (Eine stichprobenbasierte Prüfung hierzu wird empfohlen.)
- Falls es Maßnahmen gibt, in denen man von der festgelegten Strategie abgewichen ist, handelt es sich um Ausnahmefälle und sind diese plausibel begründet?
- Warum passt die gewählte Instandhaltungsstrategie zu den strategischen Zielen des Unternehmens (z.B. mögliche Standortverlagerung angedacht, hohe Repräsentationsanforderungen an die Immobilie) und zu den strategischen Zielen der Immobilie (z.B. Nutzungsdauer, Vermietungskonzept)?
- Basiert die gewählte Instandhaltungsstrategie auf grundlegenden Untersuchungen wie z.B. erforderliche Anlagenverfügbarkeit, Vorhersagbarkeit (Abnutzungsvorrat), Schwachstellen, Auswertungen von Störungen, Kosten, Nutzen, Risiken und Ausfallwahrscheinlichkeiten? Beispiele und Nachweise der entsprechenden Unterlagen sollten angefragt werden.
- Wie ist sichergestellt, dass die Lagerhaltung im Einklang mit der Instandhaltungsstrategie ist?

*Fragen speziell bei Einsatz eines externen Facility-Management-Dienstleisters:*

- Ist dem Facility-Management-Dienstleister die Instandhaltungsstrategie bekannt, bzw. wie ist sichergestellt, dass dieser entsprechend der definierten Strategie handelt?
- Passen die vertraglichen Vereinbarungen mit dem Facility-Management-Dienstleister zu der gewählten Immobilienstrategie? Erläuterungen und konkrete Beispiele sollten erfragt werden.
- Falls vertraglich eine bestimmte Instandhaltungsstrategie vereinbart ist, wie ist sichergestellt, dass diese auch umgesetzt wird?

### *5.2.2 Instandhaltungsplanung*

Instandhaltungsplanung im TGM ist die systematische Vorbereitung und Festlegung aller planbaren Instandhaltungsmaßnahmen, insbesondere an der TGA. Somit stellt eine aktuelle Instandhaltungsplanung die Grundlage für die ordnungsgemäße Erbringung der TGM-Leistungen an der Gebäudetechnik dar. Die Instandhaltungsplanung wird auf Basis der technischen Anlagenliste und der vereinbarten Instandhaltungsstrategie erstellt.

Häufig wird die Instandhaltungsplanung systemunterstützt mit einer CAFM-Software erstellt. Diese bietet (je nach eingesetzter Software) diverse Vorteile, z.B. systemunterstützte Eingabe, Hinweise zu technischen Regelwerken und gesetzlichen Vorgaben, übersichtliche Darstellung, unterschiedliche Darstellungsformen (z.B. Zeitstrahl, Tabelle), Möglichkeit Dokumente hochzuladen (z.B. Protokolle) und durchgeführte Maßnahmen im System zu dokumentieren, Auswertungsmöglichkeiten (z.B. überfällige/durchgeführte Wartungen/Prüfungen), Erinnerungsfunktionen etc. Von einem externen Facility-Management-Anbieter kann heute erwartet werden, dass er seine Instandhaltungsplanung in einer CAFM-Software erstellt. Idealerweise ist vertraglich vereinbart, dass das Facility-Management-Unternehmen dem Auftraggeber die Möglichkeit bietet, die Instandhaltungsplanung über ein Kundenportal im Internet einzusehen oder diese bei Bedarf zur Verfügung gestellt bekommt.

Eine Instandhaltungsplanung kann insbesondere für kleinere oder wenig komplexe Immobilien auch manuell, z.B. in Excel, erstellt werden. Falls ein Unternehmen die Instandhaltungsplanung manuell erstellt, sollten Prüfer ein besonderes Augenmerk auf die Rechtssicherheit der Organisation und der Dokumentation haben. Denn es besteht ein höheres Fehlerrisiko, wenn eine Systemunterstützung fehlt.

Die folgenden Informationen sollte eine Instandhaltungsplanung mindestens enthalten:

- eindeutige Anlagenbezeichnung
- Anlagenstammdaten, bzw. Verlinkung zur technischen Anlagenliste
- Instandhaltungsintervall
- Instandhaltungszeitraum
- durchzuführende Tätigkeiten
- Hinweise zur Qualifikation des Monteurs/Technikers (z.B. Sachkundigenprüfung, Sachverständigenprüfung)
- Kennzeichnung, ob es sich um eine prüfpflichtige Anlage entsprechend der Betriebssicherheitsverordnung handelt

*Revisionsfragen:*

- Liegt eine aktuelle Instandhaltungsplanung für das laufende Kalenderjahr vor?
- Basiert diese auf dem aktuellen Anlagenstand und enthält sie alle planbaren Leistungen? Auf welcher Grundlage basieren die geplanten Leistungsintervalle?
- Wer ist für die Erstellung und die laufende Pflege des Instandhaltungsplans verantwortlich? Ist diese Person ausreichend qualifiziert?
- Wie wird die Instandhaltungsplanung dokumentiert? Liegt die Instandhaltungsplanung der Vorjahre vor?
- Wie ist sichergestellt, dass die Instandhaltungsplanung den rechtlichen Anforderungen und technischen Vorgaben entspricht?
- Wie wird sichergestellt, dass planbare Leistungen, die nicht jährlich durchgeführt werden müssen, nicht vergessen werden? (z.B. Prüfung elektrischer Anlagen und ortsfester Betriebsmittel, ortsveränderlicher elektrischer Betriebsmittel nach DGUV Vorschrift 3, RLT und RWA Anlagen nach Prüfverordnung (PrüfVO))
- Wie wird mit Änderungen (z.B. Einbau von neuer Gebäudetechnik) umgegangen?
- Mit welcher Software/welchen Tools wird die Instandhaltungsplanung erstellt? Ist/sind diese dafür geeignet?
- Sind Schnittstellen zwischen der Instandhaltung, für die der Eigentümer verantwortlich ist, und der Instandhaltung, für die der Mieter verantwortlich ist, klar definiert? Sind die Schnittstellen beiden Seiten bekannt und werden diese so gelebt, wie sie vereinbart sind?
- Wie wird sichergestellt, dass beim Wegfall einer Anlage, eines Bauteils oder Gerätes der Instandhaltungsplan entsprechend angepasst wird? Falls die Leistung extern erbracht wird, wie wird der Nachunternehmer darüber informiert, und wie ist sichergestellt, dass keine Leistungen am ausgebauten Bauteil versehentlich in Rechnung gestellt werden?

*Fragen speziell bei Einsatz eines externen Facility-Management-Dienstleisters:*

- Entsprechen die Instandhaltungsmaßnahmen, die im Instandhaltungsplan aufgeführt sind, den vertraglichen Vereinbarungen?
- Wie wird die Durchführung der Instandhaltungsplanung (in Stichproben) kontrolliert, bzw. qualitätsgesichert?

### *5.2.3 Durchführung geplanten Instandhaltung (Prüfung, Wartung, Inspektion)*

*Revisionsfragen:*

- Wie ist der Prozess zur Durchführung der geplanten Instandhaltungen? Ist dieser dokumentiert und allen Mitarbeitern bekannt?
- Beschreiben Sie die Einsatz- und die Arbeitsplanung. Wie unterscheidet sich der Prozess beim Einsatz von Nachunternehmern und beim Erbringen von Arbeiten in Eigenleistung?
- Sind die Techniker/Monteure ausreichend qualifiziert? Gibt es Nachweise dafür?
- Liegen Bedienungsanleitungen der Hersteller vor und werden diese befolgt?
- Wie werden die Leistungen dokumentiert? Ist die Dokumentation vollständig, transparent und ausreichend (z.B. für die Abrechnung, für den internen Nachweis oder für die Nachweispflicht bei der Belegprüfung zur Nebenkostenabrechnung)? (An dieser Stelle wird eine stichprobenbasierte Prüfung empfohlen.)
- Liegen aktuelle Wartungsbücher im Aufzugsmaschinenraum und bei den Heizungsanlagen vor? (siehe Betriebssicherheitsverordnung)
- Wie wird sichergestellt, dass die Arbeiten entsprechend der Instandhaltungsplanung vollständig und termingerecht in den vorgegebenen Zeitfenstern erledigt werden? Sind mit Nachunternehmern fixe Termine vereinbart und werden diese eingehalten?
- Gibt es überfällige Prüfungen oder Wartungen? Wenn ja, welche? Warum? Beziehen sich diese auf betriebskritische oder sicherheitsrelevante Anlagen? Gibt es bereits einen Termin für die Durchführung der Prüfung/Wartung?
- Werden Wartungen und Inspektionsleistungen nach Möglichkeit am selben Termin erbracht, um eine doppelte Anfahrt/Rüstzeiten zu vermeiden?
- Erfolgt eine getrennte Erfassung der Wartungs- und Instandsetzungskosten, falls dies erforderlich ist, z.B. für die Nebenkostenabrechnung?
- Wie werden kritische Mängel, die auf Prüf- oder Wartungsprotokollen vermerkt sind, nachverfolgt und behoben? (Es wird eine stichprobenbasierte Prüfung zu Mängeln aus Sachverständigenprüfungen empfohlen.)
- Wie ist sichergestellt, dass im Zusammenhang mit geplanten Instandhaltungen nur erforderliche Leistungen erbracht und vergütet werden?

- Welche Regelungen zur Durchführung und Beauftragung von erforderlichen Zusatzleistungen gibt es? Wurden erforderliche Zusatzleistungen vor der Ausführung vereinbart und beauftragt? Ist dies schriftlich dokumentiert?
- Wie ist eine ordnungsgemäße Entsorgung der während der Wartungsarbeiten angefallenen Materialien (z.B. Altöl oder Abfälle) sichergestellt?

*Fragen speziell bei Einsatz eines externen Facility-Management-Dienstleisters:*

- Wie wird sichergestellt, dass der anerkannte Leistungsumfang den vertraglichen Vereinbarungen entspricht? Liegen Konformitätserklärungen vor? (Es wird empfohlen, eine stichprobenbasierte Prüfung durchzuführen.)
- Wie werden die erbrachten Leistungen auftraggeberseitig hinsichtlich Qualität, Quantität, Vertragsleistung u. a. kontrolliert?
- Besitzt der Auftraggeber eine Übersicht über den aktuellen Stand der Ausführung der Wartungen, insbesondere bei den prüfpflichtigen Anlagen?

### *5.2.4 Durchführung ungeplante Instandhaltungsmaßnahmen*

*Revisionsfragen:*

- Wie ist der Anteil von geplanten Instandhaltungsmaßnahmen zu ungeplanten Instandhaltungsmaßnahmen? Ist das Verhältnis plausibel?
- Liegt eine Einsatzplanung vor? Wie ist sichergestellt, dass die verantwortlichen Mitarbeiter ausreichend zeitliche Ressourcen haben, um die ungeplanten Instandhaltungen auszuführen und die Mängel zu beheben, bzw. zu managen?
- Wie viele ungeplante Instandhaltungsmaßnahmen wurden im laufenden Jahr und im Vorjahr durchgeführt? Passt der Anteil ungeplanter Instandhaltungsmaßnahmen unter Berücksichtigung des Anlagen- und Immobilienalters zur Instandhaltungsstrategie? Gibt es Erläuterungen hierzu?
- Gibt es Indikationen, dass notwendige Investitionsmaßnahmen zu spät oder gar nicht durchgeführt werden? (Es wird eine Gebäudebegehung empfohlen.)
- Wie ist sichergestellt, dass ungeplante Instandhaltungen zu marktgerechten Preisen erbracht werden? Gibt es Rahmenverträge mit vereinbarten Stundensätze o.Ä.?

### *5.2.5 Störmanagement*

*Revisionsfragen:*

- Gibt es einen dokumentierten Störmeldeprozess? Wo ist dieser hinterlegt? Wie ist sichergestellt, dass dieser allen beteiligten Personen bekannt ist?
- Wie wird der festgelegte Störmeldeprozess gelebt? Gibt es Störmeldungen, die am System vorbei gemeldet werden? Wenn ja, wie viele? Gibt es hierzu Auswertungen?
- Wie werden Störungen entgegengenommen und erfasst? Werden Störungen zentral erfasst und rund um die Uhr angenommen?
- Gibt es einen Notdienst, der kritische Störungen rund um die Uhr bearbeitet? Wie ist dieser organisiert?
- Wie ist sichergestellt, dass die Störungen nachverfolgt und ausgewertet werden können? Gibt es ein Ticketsystem? Wie erhält der Nutzer, der eine Störung gemeldet hat, Rückmeldung über die Erledigung/den Status?
- Findet eine Priorisierung von Störungen statt? Nach welchen Kriterien? Sind die gewählten Kriterien sinnvoll? Wie ist sichergestellt, dass Störungen in der vorgegebenen Zeit (z.B. vereinbartes Service Level Agreement) abgearbeitet werden?
- Wie viele Störmeldungen sind im Prüfungszeitraum eingegangen? Wie viele davon waren kritisch?
- Wie oft wurden Störungen im Prüfungszeitraum außerhalb der Arbeitszeit gemeldet? War die Störmeldung problemlos absetzbar?
- Wie viele Störmeldungen sind aktuell in Bearbeitung/on hold/noch nicht zurückgemeldet?
- Gibt es Störmeldungen, die vor mehr als 3 Monaten eröffnet wurden und noch nicht geschlossen sind? Was sind die Gründe hierfür? Sind diese dokumentiert?
- Werden Störmeldungen regelmäßig ausgewertet? Von wem? Wie häufig? Welche Rückschlüsse/weiteren Maßnahmen je Anlage oder Gebäude wurden aus den letzten Auswertungen abgeleitet?
- Wie wird geprüft, ob es sich bei der Störung um einen möglichen Versicherungsschaden handelt?

*Fragen speziell bei Einsatz eines externen Facility-Management-Dienstleisters:*

- Welche Anforderungen an das Störmanagement sind vertraglich vereinbart (z.B. vereinbarte Service Level Agreements zu Reaktions- und Behebungszeiten)? Werden diese umgesetzt und entsprechen sie den aktuellen

Bedürfnissen der Nutzer? Werden die Störungen regelmäßig ausgewertet und mit einer Handlungsempfehlung an den Auftraggeber berichtet?

### 5.2.6 *Performance und Auswertungen*

*Revisionsfragen:*

- Welche Qualität haben das Controlling und das Facility-Management hinsichtlich Kostentransparenz und, -zuordnung, Soll-Ist-Vergleich und Berichtswesen?
- Werden die Facility-Management-Leistungen unter dem Gesichtspunkt der Kosten gebenchmarkt oder beurteilt? Was sind die Messgrößen/Vergleichswerte? Sind diese passend und angemessen? Werden alle relevanten Kosten berücksichtigt? Können die Facility-Management-Kosten mit Hilfe dieser Vergleiche beurteilt werden?
- Wie werden Kennzahlen (z.B. geplante und ungeplante Instandhaltungen, Störfälle) genutzt, um die Instandhaltungsstrategie anzupassen/zu verbessern?
- Wie wird die Qualität der Facility-Management-Leistung gemessen? Gibt es objektive Kriterien und systemische Auswertungen? Ist der Auftraggeber (i.d.R. die Geschäftsleitung) mit der Leistung zufrieden?
- Wie ist die Nutzerzufriedenheit mit dem Facility-Management? Wie hat sich die Nutzerzufriedenheit in den letzten Jahren entwickelt? Gibt es Auswertungen hierzu?
- Gibt es einen regelmäßigen oder unregelmäßigen Austausch mit den Nutzern? Werden Nutzerzufriedenheitsbefragungen durchgeführt?

*Fragen speziell bei Einsatz eines externen Facility-Management-Dienstleisters:*

- Wie wird die Leistung des externen Facility-Management-Dienstleisters gemessen? Sind Service Level Agreements (SLAs) oder Key Performance Indicators (KPIs) vertraglich vereinbart?
- Wie sind die SLAs definiert? Können Sie gemessen werden und entsprechen sie den Anforderungen des Auftraggebers?
- Sind die vereinbarten KPIs geeignet, um die Leistung des Facility-Management-Dienstleisters zu messen?
- Was passiert, wenn vereinbarte KPIs/SLAs nicht eingehalten werden? Gibt es hierzu vertragliche Regelungen? Gibt es ein Bonus-/Malus System?
- Wer überwacht die Einhaltung der KPIs/SLAs? Gibt es hierzu ein Reporting? Wie ist sichergestellt, dass dieses nicht manipuliert wird?

- Wie häufig wurden in der Vergangenheit KPIs/SLAs nicht eingehalten? Was waren die Konsequenzen?
- Wie hat sich die Performance des Facility-Management-Dienstleisters in den letzten Jahren entwickelt? Gibt es Maßnahmen zur Lieferantenentwicklung wie z.B. Feedback- und Entwicklungsgespräche?

### 5.2.7 *Zusatzleistungen und Kleinaufträge*

Klassische Zusatzleistungen im TGM sind kleine Reparaturarbeiten oder nutzerspezifische Haushandwerkerleistungen wie z.B. das Aufhängen eines Bildes oder der Umbau eines Türschlosses. Um den Koordinierungs- und Bestellaufwand auf Seiten des Nutzers gering zu halten, ist es i.d.R. sinnvoll, dass diese Leistungen durch das Team des TGM erbracht werden. In größeren Objekten sind i.d.R. ein oder mehrere Haushandwerker regelmäßig vor Ort, die diese Aufgaben neben ihren geplanten Instandhaltungstätigkeiten übernehmen können.

Falls das Facility-Management extern vergeben ist, werden Zusatz- und Kleinleistungen i.d.R. separat verrechnet. Es gibt jedoch auch Modelle, bei denen diese Leistungen bereits in der Regelleistung inkludiert sind, z.B. dadurch, dass ein Hausmeister für eine festgelegte wöchentliche Stundenzahl pauschal bezahlt wird und sich vor Ort um die o. g. Themen kümmert. Ein solches Modell kann bei einer hohen Anzahl von Kleinaufträgen eine wirtschaftliche Lösung sein, da der hohe Abrechnungsaufwand entfällt. Bei anderen Vertragsmodellen mit dem Facility-Management-Dienstleister sind Reparaturen bis zu einer bestimmten Obergrenze je Einzelfall bereits im Preis inkludiert oder können bis zu einem definierten Betrag vom Dienstleister ohne separate Beauftragung ausgeführt werden.

Schwerpunkte der Revisionstätigkeit sind hierbei die Prüfung und Beurteilung der Leistungsorganisation für Zusatzleistungen, das Vergütungsmodell, die Durchführung und Geschwindigkeit der Abwicklung, die Leistungsdokumentation, die Transparenz und die Abrechnung.

*Revisionsfragen:*

- Wie viele Kleinaufträge (Reparaturen, nutzerspezifische Leistungen < EUR 500) gibt es pro Jahr im Objekt? Wie werden die Aufträge beauftragt? Wer gibt diese frei? Wie viele Kapazitäten werden hierfür auftraggeberseitig in Anspruch genommen?
- Durch wen werden kleinere Reparaturarbeiten und nutzerspezifische Haushandwerkerleistungen erbracht? Wie ist der Prozess der Beauftragung?
- Werden die Leistungen separat erfasst und verrechnet und wie? Falls Leistungen nicht separat erfasst werden, was sind die Gründe hierfür? Wie ist trotzdem sichergestellt, dass kosteneffizient gearbeitet wird?

- Wie wird die Umsetzung und Fertigstellung der Arbeiten dokumentiert?
- Wird die Leistungserbringung in Stichproben überprüft? Ist dieses dokumentiert? In welchem Turnus und nach welchem Prinzip werden Stichproben ausgewählt?

*Fragen speziell bei Einsatz eines externen Facility-Management-Dienstleisters:*

- Welche vertraglichen Vereinbarungen gibt es mit dem Facility-Management-Dienstleister? (z.B. Abrechnung nach Aufwand zu vereinbarten Stundensätzen, Pauschale Vergütung, Open Book mit Zuschlägen)
- Passt die vertragliche Regelung zur Art und Anzahl der Kleinaufträge?
- Sind Stundensätze für diese Leistungen schriftlich vereinbart und werden sie auch herangezogen? (Eine stichprobenbasierte Prüfung wird empfohlen, insbesondere falls viele Kleinaufträge durchgeführt werden.)
- Sind Standardpreislisten für wiederkehrende Leistungen vorhanden? Wenn nein, wie ist sichergestellt, dass für ähnliche Leistungen auch ähnliche Kosten anfallen? (Die Durchführung einer stichprobenbasierten Prüfung wird empfohlen.)
- Werden Einkaufs- und Vergaberichtlinien eingehalten, sofern vorhanden? (Die Durchführung einer stichprobenbasierten Prüfung wird empfohlen.)
- Liegt zu jedem Auftrag eine Bestellung/schriftliche Beauftragung vor? (Die Durchführung einer stichprobenbasierten Prüfung wird empfohlen.)

## 5.3 Größere Instandsetzungen, Umbauten und Modernisierungen

Insbesondere bei älteren Immobilien gibt es regelmäßig größeren Instandsetzungs- und Modernisierungsbedarf. Häufig steht dies im Zusammenhang mit einem veralteten Gebäudestandard und störanfälligen oder unwirtschaftlich gewordenen Anlagen. Hinzu kommen Umbauten aufgrund von neuen oder geänderten Nutzeranforderungen.

Das Spektrum möglicher Projekte ist riesig und reicht vom Austausch einer alten Heizungsanlage, über den Büroumbau und die Fassadensanierung bis hin zur Hallenerweiterung.

**Wesentliche Risiken bei größeren Instandsetzungs-, Umbau und Modernisierungsmaßnahmen**

Die Projektorganisation ist nicht angemessen, z.B. erbringt die verantwortliche Abteilung Leistungen, für die sie keine ausreichenden Kompetenzen und Erfahrungen besitzt, was zu erheblichen Mehraufwänden führen kann. Beispiele hierfür sind:

- Das Projekt wird nicht adäquat gemanagt und gesteuert. Kosten-, Termin- und Qualitätsziele werden nicht eingehalten.
- Aufgrund fehlender Expertise, kann nicht beurteilt werden, ob die angebotenen Leistungen eine technisch und betriebswirtschaftlich angemessene und bestmögliche Lösung darstellen. Es besteht das Risiko, dass die weniger geeignete Ausführungsvariante ausgewählt wird.
- Es wird keine professionelle Ausschreibung durchgeführt, um unter vergleichbaren Angeboten, das wirtschaftlichste Angebot auszuwählen zu können.

Die vertragsgemäße Arbeitsausführung wird nicht angemessen überwacht. Möglicherweise wird die Leistung in unzureichender Qualität oder nicht entsprechend der vertraglichen Vereinbarungen erbracht. Falls keine offizielle Abnahme durchgeführt wurde, wird von einer fiktiven Abnahme ausgegangen (§ 640 BGB) und die Beweislast für vorhandene Mängel geht automatisch auf den Auftraggeber über.
Wenn Rechnungen und Aufmaße nicht sorgfältig geprüft werden, besteht ein Risiko, dass Fehler nicht entdeckt werden und falsche Beträge abgerechnet werden.

Eine fehlende Dokumentation des Bauvorhabens kann den technischen Gebäudebetrieb erschweren und erzeugt Zusatzaufwände beispielsweise bei Störungen Defekten oder wenn umgebaut oder saniert werden soll.

Häufig ist das hauseigene Facility-Management für die Koordination, Planung und Durchführung der Projekte verantwortlich. Je nach Aufstellung, Größe und Kompetenz des hauseigenen Teams kann es sinnvoll und notwendig sein mit externen Partnern (Architekten, Ingenieuren, Projektsteuerer) zusammen zu arbeiten. Auch Teams, in denen die notwendigen Kompetenzen vorhanden sind, sollten kritisch hinterfragen, ob die notwendigen personellen Inhouse-Ressourcen (inkl. Vertretungsregelungen) für die Durchführung größerer Maßnahmen vorhanden sind, und ob die vorhandene Infrastruktur (z.B. Softwarelösungen, Plotter) ausreicht.

Sofern ein externer Facility-Management-Dienstleisters eingesetzt ist, bietet dieser häufig ebenfalls die gewünschten Leistungen an. Insbesondere bei Arbeiten an Anlagen, die vom Facility-Management-Dienstleister gewartet werden, bietet die Beauftragung des Facility-Management-Dienstleisters den

Vorteil, dass die Schnittstelle zum Gebäudebetrieb entfällt. Falls durch den Facility-Management-Dienstleister regelmäßig Planungs- und Projektmanagementleistungen erbracht werden, ist ein Rahmenvertrag für Projektleistungen sinnvoll. Bei größeren oder komplexeren Maßnahmen ist sicherzustellen, dass der Facility-Management-Dienstleister die notwendigen Kompetenzen besitzt und entsprechende Referenzprojekte vorweisen kann.

Schwerpunkte der Revisionstätigkeit sind die Prüfung und Beurteilung der Leistungsbeschreibung, der Einholung und Auswertung von Angeboten, die vertragsgemäße Arbeitsausführung, die Abnahme, die Rechnungsprüfung und die Objektdokumentation.

Weitergehende Informationen befinden sich auch im Band „Revision von Bauleistungen" der DIIR-Schriftenreihe.

### *5.3.1 Organisation und Rahmenbedingungen*

*Revisionsfragen:*

- Nach welchen Kriterien werden die auszuführenden Instandsetzungs-, Modernisierungs- und Umbauprojekte festgelegt? Wer ist an der Festlegung beteiligt? Sind die Kriterien nachvollziehbar und in sich schlüssig?
- Entspricht die Maßnahmenauswahl der Instandhaltungsstrategie/der langfristigen Immobilienstrategie? (Die Durchführung einer stichprobenbasierten Prüfung wird empfohlen.)
- Gibt es unternehmensintern relevante Vorgaben für dir Durchführung von Bauprojekten (z.B. Vergaberichtlinie oder eine Material- und Ausführungsrichtlinie)? Wie wird sichergestellt, dass diese eingehalten werden? (Die Durchführung einer stichprobenbasierten Prüfung wird empfohlen.) Falls es keine Vorgaben gibt, wie wird sichergestellt, dass die Leistungen kosteneffizient und in einer angemessenen Ausführungsqualität eingekauft werden?
- Wie sind die Zuständigkeiten und Entscheidungskompetenzen für die anstehenden Aufgaben und Tätigkeiten geregelt und dokumentiert (nachvollziehbar, eindeutige Regelungen)?
- Was sind die Kriterien zur Entscheidungsfindung bei Ausführungsqualitäten, bei Angebotsanfragen und bei Vergaben? Sind diese schriftlich fixiert und wird entsprechend gehandelt?
- Wer verantwortet und wer steuert durchzuführende Baumaßnahmen? Gibt es bei größeren Projekten eine Unterscheidung zwischen der Bauherrenvertretung und der Projektsteuerung?
- Besitzt die verantwortliche Abteilung die notwendige Kompetenz und Erfahrung? Welche? Wie ist sichergestellt, dass ausreichendes und qualifiziertes Personal zur Verfügung steht?

- Werden für die Planung, Bauleitung und/oder Projektsteuerung externe Partner eingesetzt? Gibt es interne Vorgaben, wann externe Partner eingesetzt werden müssen/dürfen?
- Werden spezielle Software (z.B. CAD, Ausschreibungsprogramm o.Ä.) oder computergestützte Applikationen eingesetzt? Welche? Wenn nein, wie wird stattdessen gearbeitet? Fehlen den Verantwortlichen unterstützende Programme, bzw. könnte man mit diesen die Arbeit effizienter durchführen?
- Gibt es Schnittstellen zwischen verschiedenen Programmen? Wie wird die Datenkonformität sichergestellt?
- Wer arbeitet mit den Programmen? Wie sind die Zugriffsberechtigungen geregelt? Wie ist sichergestellt, dass ausreichend Lizenzen vorhanden sind, aber auch keine unnötigen Kosten generiert werden?
- Wie werden die Entscheidungen, Abläufe und Ergebnisse (z.B. Protokolle, Kennzahlen, Kosten- und Terminplanung) dokumentiert? Werden zu allen Besprechungen Protokolle angefertigt und sind diese aussagekräftig?
- Ist die Dokumentation strukturiert und für sachkundige Dritte nachvollziehbar?
- In welcher Form wird das Management über den Projektfortschritt und -status informiert?
- In welcher Form sind wiederkehrende Abläufe und Dokumente (z.B. Verträge, Leistungsverzeichnisse, Abnahmen) standardisiert?
- Ist ein IKS installiert, und wie ist dessen Wirksamkeit sichergestellt?

### *5.3.2 Planung und Vorbereitung*

*Revisionsfragen:*

- Gibt es unternehmensinterne Vorgaben zur Budgetfreigabe? Welche? Wurden diese eingehalten?
- Liegt eine Kostenschätzung vor? Ist diese plausibel? Werden alle zu erwartenden Kosten erfasst? Wurden Risiken mit eingepreist, bzw. eine Risikoposition mit aufgenommen?
- Welche gesetzlichen Vorgaben und Rahmenbedingungen gibt es? Wie ist gewährleistet, dass alle Vorgaben bekannt sind und eingehalten werden?
- Welche vorhandenen Erleichterungen (z.B. Bestandsschutz) können in Anspruch genommen werden? Sind sie den Verantwortlichen, bzw. den handelnden Personen bekannt und werden sie in der Planung/Umsetzung berücksichtigt?

- Ist für die Maßnahme eine Baugenehmigung erforderlich und wer hat dies geprüft? Liegt diese vor und resultieren daraus Auflagen (z.B. besonderer Schallschutz, Brandschutz o.Ä.)? Wurden diese eingehalten?
- Ist für die Maßnahme die Erstellung eines Brandschutzkonzeptes, bzw. die Anpassung des bestehenden Konzeptes erforderlich? Wie stellen Sie sicher, dass keine brandschutzrechtlichen Belange vergessen werden?
- In welchem Umfang sind Architekten- oder Ingenieurleistungen erforderlich?
- Wurden Architekten- oder Ingenieurleistungen vergeben, obwohl eigenes Personal hierfür vorgehalten wird? Wenn ja, warum?
- Welche Architekten- oder Ingenieurleistungen wurden beauftragt? Wurden die Ziele (Kosten, Qualität, Termine) hinreichend und sinnvoll vertraglich vereinbart? Wie sind die Vereinbarungen zur Vergütung?
- Wurde ein Leistungsverzeichnis erstellt? Ist dieses nach Möglichkeit produktneutral? Auf welcher Basis wurden die Leistungen bei den ausführenden Firmen angefragt?
- Wer erstellt die Ausschreibungsunterlagen? Wer überprüft sie? Ist die durchgeführte Kontrolle nachvollziehbar und dokumentiert?
- Wer führt die Angebotsbewertung durch? Ist sie dokumentiert?
- Durch wen werden die Vergaben durchgeführt? Wie sind die Projektbeteiligten involviert? Gibt es eine Schnittstelle zum Einkauf? Ist ein Vier-Augen Prinzip implementiert?
- Wurde der Facility-Management-Dienstleister über die anstehenden Maßnahmen informiert und bezüglich der Anforderungen mit eingebunden?

### 5.3.3 *Ausführung*

*Revisionsfragen:*

- Wurde bei der Planung und Ausführung von vorgegebenen Standards abgewichen und worin lag die Begründung dafür?
- Wie ist gewährleistet, dass aktuelle technische Standards beachtet werden?
- Sind bei der Ausführung Massenänderungen aufgetreten und worin waren diese begründet?
- Wie wurden Leistungsänderungen kostenmäßig bewertet, terminiert und beauftragt? Lagen im Vorfeld vereinbarte Regiestundensätze und vereinbarte Zuschläge auf Material vor?

- Sind für das Budget/die Kosten relevante Parameter (Vergabestand, Leistungsstand, Rechnungsstand) über das ganze Projekt hinweg transparent?
- In welcher Form werden in allen Leistungsphasen Optimierungsprüfungen (Kosten, Termine) durchgeführt?
- Erbringen die externen Partner alle vertraglichen Leistungen? Wie wird dies geprüft/kontrolliert?
- Gibt es Nachträge seitens der externen Partner? Welche? Hätten diese bei sorgfältiger Ausschreibung vermieden werden können?
- Wie und nach welchen Kriterien wurde die Qualitätssicherung durchgeführt (z.B. Ausführung, Aufmaße, Termine, Qualitätsstandards, Kosten)?

### *5.3.4 Abnahme, Abrechnung und Gewährleistung*

*Revisionsfragen:*

- Wurde eine ordnungsgemäße Abnahme durchgeführt? Liegen unterschriebenen Abnahmeprotokolle vor?
- Wie sind die Zuständigkeiten für die Abwicklung von bei der Abnahme festgestellten Mängeln (z.B. Restleistungen) geregelt?
- Liegen die für die Inbetriebnahme ggf. erforderlichen behördlichen Genehmigungen vor? (z.B. erforderlich für Trinkwasseranlagen) Sind Nachweise vorhanden?
- Liegt die Dokumentation der durchgeführten Maßnahme (Pläne, Datenblätter, Bedienungsanleitungen etc.) vollständig vor? Wer hat diese entgegengenommen, geprüft und freigegeben? Wurde diese (beim Umbau) in die Bestandsdokumentation überführt?
- Wie und durch wen erfolgt die Rechnungsprüfung? Erfolgt diese im Vier-Augen-Prinzip? Liegen die erforderlichen Abrechnungsunterlagen über Preis, Menge und Qualität vollständig vor?
- Erfolgt die Abrechnung der externen Partner (Architekten, Ingenieure) ordnungsgemäß?
- Wurden Leistungen über Stundenlöhne (Regieleistungen) abgerechnet? Gibt es hierzu entsprechende Beauftragungen oder Freigaben und sind diese dokumentiert?
- Welche Fristen zur Gewährleistung sind vereinbart? Gilt das BGB oder gibt es spezifische Regelungen? Sind diese angemessen?
- Sind Gewährleistungseinbehalte/Bürgschaften oder sonstige Umlagen (z.B. für Bauwasser/-strom, Bauwesenversicherung) vereinbart, wurden diese gezogen und werden diese proaktiv verwaltet?

- Wie ist sichergestellt, dass in einem ausreichenden Zeitraum vor Ablauf der Gewährleistung Begehungen der entsprechenden Anlagen und Bauteile durchgeführt und dokumentiert werden?

## 5.4 Energiemanagement

Gebäude haben einen wesentlichen Anteil am Energieverbrauch (Heizwärme, Kühlung, Warmwasseraufbereitung, Strom). Sofern die Energie nicht aus alternativen Energiequellen gewonnen wird, verursacht sie $CO_2$-Emissionen, die negative Auswirkungen auf das Klima haben. Den Energiebedarf von Gebäuden und damit den Energieverbrauch zu senken sowie die Nutzung von alternativen Energiequellen ist ein gesellschaftliches Ziel der Bundesregierung, das sich in der Gesetzgebung (z.B. durch Anforderungen an den Energiebedarf von Gebäuden im Gebäudeenergiegesetz) und in zahlreichen Förderungsmöglichkeiten (z.B. Bundesförderung für effiziente Gebäude) widerspiegelt.

**Wesentliche Risiken im Bereich des Energiemanagements**

Falls nicht sichergestellt ist, dass Energie jeder Zeit zur Verfügung steht, kann die Betriebssicherheit gefährdet sein.

Aufgrund eines unzureichend oder schlecht organisierten Energieeinkaufs im Unternehmen wird Energie möglicherweise zu teuer eingekauft.

- Bei einem dezentralen Energieeinkauf werden Mengenpotenziale nicht gehoben.
- Aufgrund einer fehlenden oder unzureichenden Beschaffungsstrategie (z.B. Energiebedarf oder Anschlusswerte nicht bekannt) werden Verträge mit ungünstigen Konditionen abgeschlossen.

Wenn Verbräuche nicht gemessen und ausgewertet werden (können), ist es schwierig Energieverbräuche zu optimieren. Ein vollwertiges Energiemanagement ist nicht möglich und mögliche Einsparpotenziale werden mit hoher Wahrscheinlichkeit nicht entdeckt.

Ein Energiemanagement ohne ausreichende Ressourcen und Kompetenzen, in dem messbare Ziele definiert sind und ausgewertet werden, oder mit einer nicht konsequenten Nachverfolgung und Auswertung der umgesetzten Maßnahmen, ist möglicherweise nicht effizient.

Falls sich die Umweltziele des Unternehmens nicht in der Beschaffungsstrategie widerspiegeln oder den Verantwortlichen nicht bekannt sind, konterkariert der Energieeinkauf möglicherweise die Unternehmensziele (z.B. $CO_2$-Neutralität).

Um den $CO_2$-Ausstoß wirksam zu reduzieren, müssen Unternehmen, die Heizöl, Erdgas, Benzin und Diesel in Deutschland in den Markt bringen, seit 2021 Emmissionszertifikate über einen nationalen Emissionshandel erwerben. Ein Zertifikat entspricht dabei einer Tonne Treibhausgase. Die Emissionszertifikate werden zunächst zum Festpreis verkauft:

- 2021 für 25 Euro je Tonne (zzgl. Mehrwertsteuer)
- 2022 für 30 Euro je Tonne (zzgl. Mehrwertsteuer)
- 2023 für 35 Euro je Tonne (zzgl. Mehrwertsteuer)
- 2024 für 45 Euro je Tonne (zzgl. Mehrwertsteuer)
- 2025 für 55 Euro je Tonne (zzgl. Mehrwertsteuer)
- 2026 Preiskorridor 55-60 Euro je Tonne (zzgl. Mehrwertsteuer)

Die Regelungen hierzu sind im Brennstoffemissionshandelsgesetz vom 12.12.2019 (BEHG) festgelegt.

Das Ziel des Energiemanagements in Unternehmen ist die kostengünstige Beschaffung, die betriebssichere Bereitstellung und die rationelle und umweltschonende Verwendung von Energie im Rahmen der geltenden Vorschriften und Richtlinien sicherzustellen.

Energiekosten können reduziert werden, indem der Energieverbrauch verringert wird, oder durch eine Verbesserung der Lieferkonditionen bzw. der Eigenerzeugung von Energie. Eine Verringerung des Energieverbrauchs kann sowohl durch eine direkte Reduzierung des Energieverbrauchs (z.B. durch eine Optimierung der Betriebsstunden von Anlagen) als auch durch eine Effizienzsteigerung (z.B. durch den Austausch veralteter Anlagentechnik oder dem Einsatz von Wärmerückgewinnung) erreicht werden.

Eine besondere Relevanz hat das Energiemanagement bei komplexen Gebäuden mit einem hohen Energieverbrauch und in Bereichen, in denen die Versorgungssicherheit wichtig ist, wie z.B. in Krankenhäusern, Großküchen, Kühlhäusern oder in der Produktion.

*Revisionsfragen:*

- Wo ist das Energiemanagement in der Organisation aufgehängt und wie ist es organisiert?
- Wer sind die Entscheidungsträger? Wie ist die Zusammenarbeit zwischen ihnen, dem Energiemanagement und den Verbrauchern?
- Sind übergeordnete Ziele für das Energiemanagement definiert? Werden sie regelmäßig überprüft und sind sie klar kommuniziert?
- Gibt es ein Unternehmensziel zur Reduzierung von $CO_2$-Emissionen? Wie ist dieses definiert? Wird es nachverfolgt und gibt es historische Daten so-

wie zukünftige Zielwerte hierzu? Liegt für die Erreichung eine Strategie/ Planung vor?

- Gibt es Initiativen zur Umstellung von Energielieferverträgen auf regenerative Energiequellen?
- Bei welchen Themen des Energiemanagements wird abteilungs- oder bereichsübergreifend zusammengearbeitet? Wie sind die Schnittstellen? Wie funktioniert die Zusammenarbeit? Sind Aufgaben und Verantwortlichkeiten klar definiert und zugeordnet?
- Wie ist sichergestellt, dass die Mitarbeiter ausreichende Kompetenzen und zeitliche Kapazitäten besitzen?
- Ist das Energiemanagement als Ganzes oder in Teilen ausgelagert? Welche Leistungen werden extern erbracht? Wie ist sichergestellt, dass der externe Partner entsprechend den Unternehmenszielen (im Bereich Energiemanagement) handelt?
- Welche Systeme und Prozesse zur Verbesserung der energiebezogenen Leistung sind in der Organisation implementiert? Sind diese ausreichend?
- Werden Wirtschaftlichkeitsberechnungen durchgeführt (z.B. Austausch von Altanlagen, Einsatz von regenerativen Energien oder Wärmerückgewinnung)? Nachweise sollten eingeholt werden. Wenn nicht, wie werden Energiemaßnahmen bewertet?
- Welche Auswertungen stellt der Energiemanager/Facility-Management-Dienstleister regelmäßig zur Verfügung (z.B. Quartalsberichte o.Ä.)?

### *5.4.1 Internationale Energiemanagementsysteme*

In der deutschen Version DIN EN ISO 5001 wird der internationale Energiemanagementstandart ISO 5001 umgesetzt. Alternativ dazu ist auch eine Zertifizierung nach Eco-Management and Audit Scheme (EMAS) möglich, wo ähnliche Standards definiert werden. In der Norm wird der Aufbau eines systematischen, zertifizierten Energiemanagements zur kontinuierlichen Erhöhung der Energieeffizienz in Unternehmen beschrieben. Die damit erzielbaren Kostenentlastungen stärken die Wettbewerbsfähigkeit von Unternehmen.

Die Norm ist für jede Organisation unabhängig von ihrer Größe und Branche umsetzbar. Sie kann sowohl in ein bestehendes Managementsystem integriert als auch als eigenständiges Managementsystem eingeführt werden.

Da eine Zertifizierung auch Kosten verursacht, lassen sich in der Praxis in erster Linie energieintensive Unternehmen zertifizieren. Zum einen besitzen sie aufgrund des hohen Energieverbrauchs ein hohes Kosteneinsparungspotenzial, zum anderen profitieren sie unter bestimmten Bedingungen von erheblichen steuerlichen Vergünstigungen, wenn sie nach ISO 50001 oder nach EMAS zertifiziert sind. Insbesondere in der Industrie gibt es Auftraggeber, die eine Zertifizierung durch den Kunden fordern.

*Revisionsfragen:*

- Ist das Unternehmen nach EMAS oder ISO 5001 zertifiziert oder lehnt sich das Unternehmen lediglich an die definierten Vorgaben an?
- Ist die Zertifizierung aktuell gültig? Wann steht eine Rezertifizierung an?
- Wann erfolgte die Zertifizierung und was waren die Gründe dafür?
- Was waren ggf. die Gründe, sich nicht zertifizieren zu lassen?
- Wie hoch waren die Zertifizierungskosten? Wurden sowohl die externen als auch die internen Zertifizierungskosten berücksichtigt? Wurde das Budget eingehalten?
- Wurde das System gemeinsam mit anderen Managementsystemen (z.B. ISO 9001) zertifiziert?

### *5.4.2 Energiebeschaffung/Versorgung*

*Revisionsfragen:*

- Gibt es eine mit dem Management abgestimmte Beschaffungsstrategie? Welche? (Festpreis, Tranche, Ölpreisbindung, Mischmodell, Portfoliomodell, Einkauf an der Strombörse etc.) Warum hat man sich für die gewählte Strategie entschieden?
- Passt die Strategie zum Energiebedarf/Energieverbrauch des Unternehmens? Wird sie bei Bedarf geändert?
- Sind die Risiken der aktuellen Strategie bekannt und transparent? (Marktpreisschwankungen, Mengen/Volumenveränderungen, Versorgungssicherheit, Reputation, Einflüsse von rechtlichen Vorgaben)
- Welche Quellen werden genutzt (Strom, Gas, Wärme)? Wurde überlegt, auf regenerative Energiequellen umzustellen oder Energie selbst zu erzeugen (z.B. BHKW, Solar)?
- Wie hoch sind die jährlichen Strom-/Gas-/Erdgas-/Öl-Kosten und wie haben sich diese entwickelt? Wie hoch sind die jährlichen Verbräuche? Ist die Entwicklung plausibel zu den Kosten?
- Sind in der Berechnung die gestiegene Steuern und Abgaben berücksichtigt?
- Sind Energieeinsparziele definiert? Gibt es davon abgeleitet auch $CO_2$-Einsparziele?
- Sind Projekte realisiert oder geplant, die den Carbon Footprint beeinflussen (BHKW, Photovoltaikanlagen etc.)?

- Wie wird sichergestellt, dass eingekaufte Medien zu günstigen Konditionen bezogen werden? Falls das Unternehmen mehrere Standorte besitzt, geschieht der Energieeinkauf zentral?
- Wird beim Einkauf, insbesondere bei Strom, auf regenerative Energieerzeugung geachtet? Wenn nein, warum nicht und entspricht das Vorgehen den Unternehmensrichtlinien bzw. dem Unternehmensimage?
- Unterstützt die Einkaufsstrategie bzgl. Energie diese Ziele durch z.B. Bezug von Energie mit hohem regenerativem Anteil?
- Wann wurde zuletzt einer der Versorger gewechselt? Wurde eine Ausschreibung durchgeführt? Anhand welcher Kriterien wurden die Vertragslaufzeiten definiert?
- Ist der Einkaufsprozess transparent und ermöglichen die erforderlichen Bestellprozesse eine ausreichende Flexibilität, um schnell agieren zu können? (insbesondere relevant, wenn an Strombörsen gehandelt wird)
- Wie, durch wen und wie häufig werden Energierechnungen inhaltlich und formal geprüft? Werden die abgerechneten Mengen durch Ablesungen oder Messungen verifiziert?
- Wird der Energiebedarf plausibilisiert, analysiert und gebenchmarkt? Wie? Welche Benchmark Werte werden genutzt? Sind diese geeignet?
- Wird selbst Strom oder Wärme erzeugt? Welche Mengen? Wie/wo wird die selbst erzeugte Energie eingesetzt?
- Wie hoch sind die Kosten je kWh selbst erzeugter Energie? Was kostet die selbst erzeugt Energie je Leistungseinheit im Vergleich zu eingekaufter Energie?
- Erhält das Unternehmen Fördergelder für die selbst erzeugte Energie? Wie ist sichergestellt, dass alle möglichen Förderungsmöglichkeiten bekannt sind und genutzt werden?

### *5.4.3 Energieverbrauch und Controlling*

*Revisionsfragen:*

- Gibt es ein übergeordnetes Energiecontrolling? Wo ist dieses organisatorisch aufgehängt? Wie ist es organisiert und was sind die konkreten Aufgaben des Energiecontrollings?
- Gibt es unternehmensweite oder übergeordnete Ziele zum Energieverbrauch? Welche? Sind sie kommuniziert und werden sie nachverfolgt?
- Wie werden die Verbräuche gezählt? Sind ausreichend Zähler vorhanden, um Verbräuche auszuwerten und zu steuern?

- Sind die Zähler richtig zugeordnet, z.B. auch nach Umbaumaßnahmen?
- Sind alle eingesetzten Zähler geeicht? (Stromzähler müssen alle 16 Jahre getauscht oder geeicht werden.)
- Sind alle Zähler funktionsfähig und zugänglich bzw. ablesbar, auch nach einer Zählerzentralisierung?
- Falls manuell abgelesen wird, wie häufig werden Zähler ausgelesen und wie wird dies dokumentiert?
- Wie und von wem werden Abweichungen analysiert und plausibilisiert?
- Wird ein jährlicher Energiebericht erstellt? Für welchen Adressatenkreis ist der Bericht und welche Informationen enthält er? Bietet er einen Zusatznutzen? Welchen? Wie wird der Energiebericht mit dem Nachhaltigkeitsbericht abgestimmt?
- Wie hat sich der Energieverbrauch in den letzten Jahren entwickelt (ggf. bereinigte Berechnung durch die Definition von Kennzahlen, um z.B. gesteigerte Energieverbräuche in Abhängigkeit von der genutzten Fläche, dem Umsatz, der Produktionsmenge o.Ä. bewerten zu können)?
- Wer sind die Hauptenergieverbraucher in der betrachteten Immobilie?
- Werden Energieverbräuche verursachergerecht weiter belastet?
- Wurden die Energiekonzepte durch externe Beratungen überprüft?

### *5.4.4 Maßnahmen zur Optimierung von Energieverbräuchen und $CO_2$*

*Revisionsfragen:*

- Wie ist sichergestellt, dass ein Anreiz besteht, den Energieverbrauch gering zu halten?
- Welche strategischen Maßnahmen zur Optimierung des Energieverbrauchs sind angedacht oder geplant? Wurden hierzu Wirtschaftlichkeitsberechnungen durchgeführt?
- Welche Maßnahmen wurden angedacht, aber letztendlich nicht umgesetzt? Was sind die Gründe dafür?
- Welchen Einfluss hatten die umgesetzten Optimierungsmaßnahmen? Ist der gewünschte Erfolg eingetreten?
- Welche Maßnahmen werden im Gebäudebetrieb kontinuierlich umgesetzt, um den Energieverbrauch zu optimieren? (Wurden z.B. keine zu hohen Rücklauftemperarturen bei der Heizung oder Wärmeverluste über Leitungen identifiziert?)

- Wird die technische Infrastruktur kontinuierlich in Bezug auf Energieoptimierung überprüft?
- Wie werden die Nutzer in das Thema Energieverbrauchsoptimierung eingebunden?
- Spielt der Energieverbrauch im Genehmigungsprozess von Neu- oder Ersatzinvestitionen eine Rolle?
- Gibt es Investitionen, die primär das Ziel von Energieeinsparung haben (z.B. Gebäudedämmung, Fensteraustausch etc.? Gibt es hierzu eine Ziel-Amortisationszeit?
- Wie ist die Strategie bezüglich der Reduzierung des $CO_2$-Verbrauchs? Werden die Facility-Management-Dienstleistungen bezüglich der $CO_2$-Reduzierung berücksichtigt?

## 5.5 Versorgung und Entsorgung

### *5.5.1 Wärme und Kälte*

*Revisionsfragen:*

- Wie wird die Immobilie geheizt und/oder gekühlt? Wie groß ist der jährliche Heizwärmebedarf? Wie groß ist der Kältebedarf? Sind die Verbräuche bekannt und werden diese analysiert und optimiert?
- Gibt es weitere Prozesse (z.B. in der Produktion), für die Wärme oder Kälte benötigt werden? Wenn ja, gibt es ganzheitliche Konzepte, die sowohl den Produktionswärme-/kältebedarf als auch den Bedarf für die Immobilien berücksichtigen? Wie funktionieren diese?
- Werden Systeme zur Wärmerückgewinnung eingesetzt? Welche? Wie hoch ist die Wärmerückgewinnung? Besteht die Möglichkeit weitere Systeme einzubauen/zu nutzen?
- Gibt es eine Wärmegewinnung aus alternativen Energiequellen? Welche (Solar, Grundwasserkühlung, Erdsonden, Luft-Wärme-Pumpe)?
- Wird Flusswasser genutzt (z.B. zur Kühlung)? Wenn, ja gibt es Auflagen zur Nutzung, und wie wird sichergestellt, dass diese erfüllt werden (z.B. Niedrigwasser oder Rückführungstemperatur bei Flusswasser)?
- Ist das übergeordnete Versorgungskonzept schlüssig?
- Sind die Anschlusswerte für Fernwärme oder Fernkälte bedarfsgerecht gewählt (hoher Anschlusswert = hoher Grundpreis)?

- Sind die mit dem Versorger vereinbarten Konditionen, z.B. Vorlauf- und Rücklauftemperaturen bedarfsgerecht gewählt, sodass keine unnötigen Kosten generiert werden?
- Werden die ordnungsrechtlichen Regelungen zur Wärmelieferung an die Mieter beachtet, wie z.B. Wärrmelieferverordnung im Zusammenhang mit § 556c BGB?

### *5.5.2 Strom*

*Revisionsfragen:*

- Wie kritisch ist die Stromversorgung in der geprüften Immobilie? Wie ist das Stromversorgungskonzept? Gibt es eine redundante Stromversorgung? Entspricht das Konzept der Kundenanforderung, bzw. der Kritikalität der Nutzung?
- Gibt es Notstrom? Wenn ja, wo ist das Notstromaggregat untergebracht? Welche Anlagen werden im Falle eines Stromausfalls über das Notstromaggregat versorgt? Sind alle besonders kritischen Anlagen auf den Notstrom aufgeschaltet?
- Ist der Dieseltank des Notstromaggregats voll aufgetankt? Wie lange können die kritischen Anlagen im Falle eines Stromausfalls über den Notstrom versorgt werden? Ist die Leistung des Notstromaggregats ausreichend?
- Wird das Notstromaggregat regelmäßig gewartet und getestet? Liegen die entsprechenden Nachweise vor (Einsicht in Test- und Wartungsprotokolle)?
- Sind die mit dem Versorger vereinbarten Konditionen, z.B. Grundlast, Spitzenlast, Verbrauchsmengen, Nachtstrom etc. bedarfsgerecht gewählt, sodass keine unnötigen Kosten generiert werden?
- Wird konventioneller oder grüner Strom eingekauft? Wird der benötigte Strom komplett eingekauft oder wird auch Strom selbst erzeugt?
- Falls ja, durch welche Anlagen (z.B. Photovoltaik, Solarzellen, Blockheizkraftwerk) wird Strom erzeugt? Welche Mengen werden erzeugt? Wie groß ist der Anteil am Gesamtenergiebedarf?
- Ist das Versorgungskonzept plausibel und angemessen?
- Wann wurden die Anlagen errichtet? Gab/gibt es öffentliche Förderungen oder Zuschüsse? Wie lange laufen diese noch? Ist das Konzept auch ohne Zuschüsse sinnvoll?
- Wird der erzeugte Strom selbst verbraucht oder teilweise zurück ins Netz eingespeist? Wie hoch sind die Vergütungen für die Rückeinspeisung?

- Falls Strom selbst erzeugt und an Mieter verkauft wird (Mieterstrom), wie wurde die Vergütungsregelung gestaltet? Wird dabei die aktuelle Rechtslage, u. a. entsprechend dem Energiewirtschaftsgesetz (EnWG) nebst Gesetz zur Förderung von Mieterstrom und zur Änderung weiterer Vorschriften des Erneuerbare-Energien-Gesetzes (17. Juli 2017) und der Regelungen gemäß dem Leitfaden zur Eigenversorgung der Bundesnetzagentur beachtet?
- Sind Maßnahmen in Kraft gesetzt, um den zu viel erzeugten Strom nach Möglichkeit nicht rückeinspeisen zu müssen (z.B. durch Speichermöglichkeiten, dem Betrieb von stromintensiven Anlagen/dem Aufladen von Akkus in Zeiten hoher Stromproduktion)?

### 5.5.3 *Wasser*

*Revisionsfragen:*

- Welche Arten von Wasser werden genutzt (z.B. Trinkwasser, Brauchwasser, Oberflächenwasser, Brunnenwasser)? Ist das Nutzungskonzept plausibel und kosteneffizient? Wie ist das Konzept unter dem Aspekt des Umweltschutzes zu bewerten?
- Werden im Rahmen der Wasserversorgung technische Anlagen eingesetzt (z.B. Entsalzungs-, Filter-, Entkalkungsanlagen)? Warum werden diese eingesetzt?
- Wie wird Warmwasser erzeugt? Handelt es sich um eine zentrale Trinkwassererwärmungsanlage und, wenn ja, wurde der Betrieb gegenüber dem Gesundheitsamt angezeigt?
- Wie hoch sind die jährlichen Wasserkosten und -mengen und wie haben sich diese entwickelt? Ist die Entwicklung plausibel?
- Wie werden die Wasserverbräuche ermittelt? Werden größere Abweichungen analysiert und plausibilisiert?
- Werden verbrauchssenkende Maßnahmen umgesetzt? Welche? (z.B. Einsatz von Grauwasser für die Toiletten, Regenwassernutzung o.Ä.)
- Befinden sich die Wasserzähler innerhalb der gültigen Eichfrist? (5 Jahre Warmwasserzähler, 6 Jahre Kaltwasserzähler zum Jahresende, vgl. MessEG)
- Wie wird sichergestellt, dass die Anforderungen aus der Trinkwasserverordnung eingehalten werden? Gab es in der Vergangenheit Abweichungen? Wenn ja, welche?
- Sind Sie laut TrinkwV dazu verpflichtet, Legionellenuntersuchungen durchzuführen? Wenn ja, werden die vorgegebenen Zyklen eingehalten, wurden die Untersuchungen durch eine zugelassene Untersuchungsstelle

durchgeführt und liegen Ergebnisse vor? Nachweise sollten vorgelegt werden.

- Werden die Wasserwerte regelmäßig durch den Anlagenbetreiber oder einer von ihm beauftragten Einrichtung kontrolliert? Gab es in der Vergangenheit Probleme mit Legionellen? Welche? Wurde der Grenzwert der TrinkwV überschritten und, wenn ja, wann und wie oft? Wurden alle Fälle dem Gesundheitsamt gemeldet?
- Wie wird im Regelbetrieb sichergestellt, dass der Legionellen-Grenzwert nicht überschritten wird? (Ausreichend hohe Temperaturen im Warmwasserspeicher und Sicherstellen einer ausreichenden Durchströmung. Nähere Informationen/Empfehlungen hierzu finden sich im Arbeitsblatt DVGW W551.)

### *5.5.4 Abwasser*

Bezüglich der gesetzlichen Regelungen gelten die Landeswasserverordnungen, die in den einzelnen Bundesländern unterschiedlich gestaltet sind. Dazu kommen Abwassersatzungen der Kommunen, die noch weitergehende und detailliertere Bestimmungen enthalten können.

Die Gebühren für das Abwasser werden im bundesweit gültigen Abwasserabgabengesetz (AbwAG) geregelt. Bei diesem ist zu beachten, dass die Länder die Möglichkeit haben, in sogenannten Ausführungsgesetzen zum Abwasserabgabegesetz Detailbestimmungen zu erlassen. Grundsätzlich legt das AbwaAG fest, dass die Höhe der Abwasserabgabe immer nach dem Grad der Schädlichkeit des Abwassers bemessen wird.

*Revisionsfragen:*

- Liegt ein Abwasserkonzept vor? Wie ist sichergestellt, dass dieses die behördlichen Auflagen und gesetzlichen Anforderungen erfüllt?
- Wie hoch sind die jährlichen Abwassergebühren und wie haben sich diese entwickelt?
- Nach welchen Kriterien (Abnahmemenge, Frischwasser, Abwassermenge und -qualität) werden die Gebühren festgelegt?
- Welche Möglichkeiten bestehen, die Kostenstruktur zu beeinflussen (z.B. Verschmutzungsgrad, Reduzierung der Frischwassermenge o.Ä.)? Werden diese genutzt? Gibt es Nachweise für durchgeführte Optimierungen?
- Werden eigene mechanische oder biologische Abwasseraufbereitungsanlagen betrieben? Wer ist verantwortlich für den Betrieb?
- Existieren besondere abwassertechnische Anlagen? Welche? Werden diese regelmäßig gewartet (z.B. Ölabscheider, Hebeanlagen)? Nachweise sollten vorgelegt werden.

# 6 Infrastrukturelles Gebäudemanagement (IGM)

Im infrastrukturellen Facility-Management sind alle Dienstleistungen erfasst, welche die Nutzung des Gebäudes bzw. der baulichen Anlagen (inklusive Außenanlagen) verbessern.

Das Infrastrukturelle Gebäudemanagement (IGM) beinhaltet alle nichttechnischen Dienstleistungen, die die Nutzung der Gebäude, der zugehörigen baulichen Anlagen und Außenanlagen ermöglichen und unterstützen.

**Wesentliche Risiken im Bereich des Infrastrukturellen Gebäudemanagements**

Verstöße gegen rechtliche Vorgaben (z.B. in Bezug auf Arbeitnehmerüberlassung) können dazu führen, dass ehemals externe Auftragnehmer sich beim Unternehmen einklagen können und eine Festanstellung erzwingen.

Ineffizientes Vertragsmanagement kann zu strittigen Vertragsinhalten führen, die für das Unternehmen unnötig Aufwand und Kosten verursachen können.

Eine ineffiziente Arbeitsplanung und -organisation verursacht unnötige Kosten.

Unzureichende Definition von Vertragsinhalten kann dazu führen, dass die erbrachte Leistung mangelhaft ist bzw. als mangelbehaftet empfunden wird. Kosten für Nachbesserungen drohen.

Unzureichende Umsetzung der Sicherheitsanforderungen eines Unternehmens können zu unbefugtem Betreten von Liegenschaften, Einbrüchen oder auch (Daten-)Diebstahl führen.

Mangelhafte Dienstleistungen im Reinigungsumfeld beeinträchtigen das äußere Erscheinungsbild des Unternehmens und können zu Unfällen oder Gesundheitseinschränkungen führen.

## 6.1 Strategische Umsetzung des IGM

Das Facility-Management eines Unternehmens stellt eine wichtige Grundlage für den Betrieb dar, welches an den Betrieb angepasst werden muss. Hierbei werden aus strategischen, betriebswirtschaftlichen oder anderen Gesichtspunkten heraus Leistungen entweder selbst, d.h. mit eigenem Personal, erbracht oder zugekauft, d.h. von unternehmensfremden Personen erbracht. Daraus leitet sich eine Strategie für das (infrastrukturelle) Facility-Management ab, die regelmäßig zu hinterfragen und ggf. anzupassen ist. Hierbei sind u. a. rechtliche Kriterien (u. a. Scheinselbständigkeit) und betriebswirtschaftliche Überlegungen (Make-or-Buy) zu berücksichtigen.

### *6.1.1 Make-or-Buy-Analyse, Outsourcing, Insourcing*

Eine Make-or-Buy-Analyse stellt einen wichtigen Schritt im strategischen Beschaffungsprozess von (Dienst-)Leistungen dar, aufgrund deren die Beschaffungsstrategie (Eigenfertigung, Outsourcing oder Insourcing) unterstützt werden kann. Im Wesentlichen soll mit der Analyse definiert werden, welche Leistungen intern oder extern zu erbringen sind. Hierbei sind neben den zu erwartenden Kosten auch nicht-monetäre Aspekte wie Zuverlässigkeit, Reaktionszeit, Auslastung, strategische Aspekte, usw. zu berücksichtigen.

*Revisionsfragen:*

- Sind für die einzelnen Elemente des IGM Make-or-Buy-Analysen durchgeführt worden, bzw. ist definiert worden, dass diese strategisch intern/extern durchzuführen sind?
- Welche Leistungen sind extern beauftragt worden? Sind diese in einem ordnungsgemäßen Auswahlverfahren ausgeschrieben worden?
- Werden die Verträge regelmäßig daraufhin überprüft, ob die Preise marktgerecht sind?
- Sind die Amortisationszeiten beim Outsourcing von Leistungen mit den Unternehmenszielen vereinbar?
- Wird vor aufwendigen Reparaturen untersucht, ob eine Neubeschaffung/ein Neubau günstiger ist (repair or replace)?
- Werden ausgelagerte Leistungen überwacht und die korrekte Umsetzung überprüft?
- Ist die Schnittstelle (retain organization) zum Erbringer der ausgelagerten Leistung korrekt und klar definiert? Sind die ausgelagerten Leistungen eindeutig definiert?
- Wird regelmäßig überprüft, dass strategisch und betriebswirtschaftlich die Auslagerung die beste Lösung ist?

### *6.1.2 Scheinselbständigkeit*

Scheinselbstständigkeit ist der Begriff für ein Arbeitsverhältnis, bei dem ein vertraglich als selbstständig betitelter Auftragnehmer nach objektiven Kriterien ein Arbeitnehmer ist und als solcher versicherungspflichtig angemeldet werden müsste.

Wenn eine Scheinselbstständigkeit vorliegt und nachgewiesen werden kann, müssen sowohl Auftraggeber als auch Auftragnehmer mit rechtlichen und finanziellen Konsequenzen rechnen.

Arbeitnehmer ist, wer „auf Grund eines privatrechtlichen Vertrags im Dienste eines anderen zur Leistung weisungsgebundener, fremdbestimmter Arbeit in persönlicher Abhängigkeit verpflichtet ist."

Im Vordergrund dieser Betrachtung steht als Merkmal für eine selbstständige Tätigkeit der Grad der unternehmerischen Entscheidungsfreiheit und inwiefern ein unternehmerisches Risiko getragen, unternehmerische Chancen wahrgenommen und hierfür beispielsweise Eigenwerbung betrieben werden.

Durch die Prüfung der formellen Kriterien der Arbeitnehmerüberlassung soll vermieden werden, dass unbeabsichtigt das Arbeitsverhältnis in einer Scheinselbständigkeit mündet.

*Revisionsfragen:*

Die folgenden Fragen sind positiv zu beantworten, ansonsten liegen Hinweise auf eine Scheinselbständigkeit vor. Die Beantwortung einer Frage mit „nein" hat nicht zur Folge, dass Scheinselbständigkeit vorliegt, sondern es handelt sich dann um einen Indikator dafür.

- Sind die Arbeitnehmer fremder Unternehmen nicht in die Arbeitsabläufe (in die Entscheidungsprozesse) oder in den Produktionsprozess des Auftraggebers eingegliedert?
- Werden den Arbeitnehmern fremder Unternehmen keine Weisungen in Bezug auf die Art und Weise der Arbeit (Arbeitszeit, Überstunden, Urlaub, Freizeit, Anwesenheitskontrolle) erteilt? (Ausnahmen gelten nur bezüglich betriebsspezifischer Hinweise, z.B. wegen besonderer Gefahrenquellen im Betrieb, und Hinweise zur Auftragsausführung, z.B. Umfang einer vorzunehmenden Reparatur.
- Werden Ergänzungen oder Änderungen des Auftrags nur unmittelbar mit den zuständigen Stellen des fremden Unternehmens abgestimmt? Das bedeutet, dass keine Anweisungen direkt an den Arbeitnehmer gegeben werden. Das Gleiche gilt für die Erhebung von Mängelrügen.
- Wird das für die Ausführung des Auftrags typischerweise benötigte Werkzeug und die Arbeitsmaterialien durch das fremde Unternehmen selbst beigestellt? Ausnahmsweise können für den Auftrag benötigte Spezialwerkzeuge oder Spezialmaterialien zur Verfügung gestellt werden.
- Werden die Arbeitnehmer der fremden Unternehmen nicht mit eigenen Arbeitnehmern des Auftraggebers zu gemeinsamen Arbeitsgruppen zusammengefasst?
- Soweit die Tätigkeiten der Arbeitnehmer des fremden Unternehmens mit denen eigener Arbeitnehmer vergleichbar sind, sind sie räumlich getrennt untergebracht?

- Tritt der Auftragnehmer nach außen hin sichtbar als separates Unternehmen auf (Firmenschild, eigenes Briefpapier, eigene Visitenkarten, separate Arbeitskleidung etc.)?

## 6.2 Reinigung

Für ein gepflegtes Erscheinungsbild und, um Schäden an Umwelt, Gesundheit und Oberflächen zu vermeiden, ist eine Schmutzentfernung mit ggf. eingeschlossener Keimentfernung erforderlich. Die Reinigung dient hierbei dem Werterhalt, dem Schutz der Oberflächen, dem Erhalt der Funktionsfähigkeit und dem Gesundheitsschutz durch Aufrechterhaltung der Hygiene.

Voraussetzungen für ein gut und mit angemessenem Aufwand zu reinigendes Gebäude werden bereits durch die Auswahl geeigneter Oberflächen und der Zugänglichkeit der zu reinigenden Flächen festgelegt. Im Bestand werden die Reinigungsverfahren auf die vorhandenen Rahmenbedingungen abgestimmt. Die Qualitätssicherung ist in der Reinigung besonders wichtig.

**Wesentliche Risiken im Bereich Reinigung**

- Mangelhafte Reinigungsdienstleistung kann das äußere Erscheinungsbild des Unternehmens und das Wohlbefinden der Nutzer am Standort beeinträchtigen.
- Unzureichende Reinigungsqualität und -frequenz oder eine unzureichende Organisation der Leistungserbringung erhöhen das Unfallrisiko durch z.B. Ausrutschen auf nassen oder unzureichend gereinigten Flächen.
- Häufige fehlende oder mangelhafte Reinigung kann zu einem Wertverlust der Immobilie oder zu einer Beeinträchtigung der Funktionsfähigkeit einzelner Bauteile oder Anlagen führen.
- Unnötige Kosten bzw. Mehrkosten durch ungenaue oder falsche Definition der zu erbringenden Leistung. Die vereinbarten Konditionen können nicht marktkonform sein oder falsch abgerechnet werden.
- Findet die Reinigung nicht mit den geeigneten Methoden und Qualitäts- und Hygienestandards statt, besteht z.B. das Risiko der Beschädigung von Oberflächen oder der Übertragung von Krankheiten.

Für die Revision der Beschaffung von Reinigungsleistungen wird auf den Leitfaden „Revision der Beschaffung spezieller Dienstleistungen – Beratung, Marketing, IT-Outsourcing und Reinigung“, Band 55 der DIIR-Schriftenreihe verwiesen. Diesbezügliche Fragestellungen sind somit nicht Inhalt dieses Leitfadens. Die in der Folge aufgeführten Kapitel zur Reinigung ergänzen Band 55, fokussieren jedoch verstärkt auf den Bereich der Umsetzung der Verträge, d.h. der Leistungserbringung durch das Facility-Management.

Die Reinigungstätigkeiten werden in verschiedene Kategorien unterteilt, die in der Folge beschrieben sind.

### *6.2.1 Unterhaltsreinigung*

Unter Unterhaltsreinigung versteht man die sich wiederholenden Reinigungsarbeiten nach festgelegten Zeitabständen ((mehrmals) täglich, wöchentlich, monatlich, nach (Kunden-)Bedarf). Synonym werden häufig die Begriffe Büroreinigung, Grundreinigung oder Basisreinigung verwendet.

Die enthaltene Reinigungsleistung ist abhängig vom zu reinigenden Objekt und den Nutzerbedürfnissen. Neben der üblichen Reinigung der Bodenbeläge können auch Türen, Tische, Stühle, Schränke und andere Anlagen (z.B. Aufzüge) als zu reinigen definiert sein.

Darüber hinaus werden Abfallbehälter geleert und Müll entsorgt. Sanitäre Anlagen werden täglich gereinigt und ggf. desinfiziert (Toiletten, Waschbecken, Fliesen, Böden). Verbrauchsmaterialien (Toilettenpapier, Handtücher, Seife) werden aufgefüllt. In Küchen können neben den Reinigungstätigkeiten das Befüllen und Leeren der Geschirrspüler hinzukommen.

In diesem Zusammenhang sind eine Abstimmung und eine vertragliche Vereinbarung mit dem Kunden unabdingbar, um die Kundenzufriedenheit sicherzustellen und den Auftragsgegenstand klar zu definieren. Eine Schwierigkeit besteht jedoch darin, objektive Bewertungskriterien zu definieren, die den Reinigungserfolg beschreiben.

Häufig werden Reinigungsdienstleistungen außerhalb der eigenen Geschäftszeiten durchgeführt. Folglich sollten Sicherheitsaspekte, die mit dem Zutritt zu sensiblen Bereichen des Unternehmens verbunden sind, im Sicherheitskonzept berücksichtigt sein.

Darüber hinaus sollte die Einhaltung der gesetzlichen Mindestlohnvorgaben berücksichtigt werden.

*Revisionsfragen:*

- Wer hat den Reinigungsumfang definiert? Ist er schriftlich fixiert und entspricht er den Kundenbedürfnissen? Gab es in den letzten Jahren wesentliche Veränderungen im Leistungsumfang? Wenn ja, welche und warum?
- Wurde in den letzten Jahren die Reinigungsfirma gewechselt? Wenn ja, warum?
- Sind Probleme im Zusammenhang mit der Unterhaltsreinigung bekannt? Welche? Was sind die Ursachen dafür?
- Wird die Unterhaltsreinigung mit Fremd- oder Eigenpersonal erbracht? Warum hat man sich für das gewählte Konzept entschieden? Sind die Gründe plausibel? (Eigene Reinigungskräfte sind aufgrund der höheren Personalkosten i.d.R. teurer als Fremdfirmen, z.B. wegen Tarifverträgen. Personalausfälle sind schlechter kompensierbar. Dafür hat der Unterneh-

mer einen direkten Zugriff auf das Reinigungspersonal und kann mit diesem flexibel reagieren).

- Wurden mit der Reinigungskraft/dem Reinigungsunternehmen die Datenschutzregelungen vertraglich vereinbart und eine Vertraulichkeitsklausel von jeder Reinigungskraft unterzeichnet? Dies kann erforderlich sein, da Reinigungskräfte ggfs. interne Unterlagen einsehen oder Informationen erhalten können.
- Wie ist organisatorisch sichergestellt, dass die Mitarbeiter oder Nutzer des Gebäudes keine vertraulichen oder datenschutzrelevanten Unterlagen in den Papierkorb/Restmüll entsorgen? Ist der Reinigungsdienst ggfs. Angehalten, Unterlagen unter Beachtung von diversen Schutz- und Sicherheitsklassen nach DIN zu entsorgen? Wie wird dies ggfs. kontrolliert?
- Wie ist sichergestellt, dass die definierte und gewünschte Reinigungsqualität erreicht wird? Welche Kontrollen (durch Vorarbeiter und durch den Auftraggeber) sind vorgesehen? Sind diese schriftlich fixiert und werden sie durchgeführt? Sind die Kontrollen zielgerichtet und ausreichend?
- Ist die Unterhaltsreinigung über einen Werkvertrag oder Dienstleistungsvertrag beauftragt? (Mischformen sind möglich.) Zu entscheiden ist, ob die Arbeit bezahlt wird oder das Ergebnis eines sauberen Zustands.
- Sofern ein Dienstleistungs-Vertrag abgeschlossen wurde:
  - Wie erfolgt der Nachweis der Reinigungszeiten und der Reinigungsqualität?
  - Wie wird die erfolgreiche Reinigungsleistung erfasst und bewertet?
  - Wie erfolgt die Abrechnung bei mangelnder Reinigungsleistung?
- Sofern ein Werkvertrag abgeschlossen wurde: Gibt es eine wirksame Methode zur Erfassung der Reinigungsleistung? (Was ist „sauber“?)
- Sind die Qualifikationen und die Leistungsfähigkeit des Reinigungsdienstleisters nachgewiesen? Wurde das Reinigungspersonal nachweisbar über die Risiken und Gefahren mit Umgang von Reinigungs- und Desinfektionsmittel eingewiesen?
- Wie werden Risiken bezüglich Scheinselbständigkeit, Schwarzarbeit, Mindestlohnzahlung und illegaler Beschäftigung minimiert? Wie ist die Einhaltung der gesetzlichen Mindestlohnvorgaben sichergestellt? Sind die Konditionen auch vertraglich festgehalten?
- Beim Einsatz mehrerer Reinigungsfirmen: Sind die Aufgabenbereiche ohne Überschneidung definiert? Ist sichergestellt, dass Leistungen nicht doppelt beauftragt und abgerechnet werden?
- Gibt es ein detailliertes Leistungsverzeichnis mit Flächen- und Turnusangaben, das auch zur Abrechnung herangezogen werden kann? Wurden

die zu verwendenden Reinigungsmittel und -methoden vereinbart? Wurden bei der Auswahl der Reinigungsmittel auch Umweltaspekte berücksichtigt? Sind die Leistungen so definiert, dass diese realistisch umsetzbar sind?

- Sind die dem Reinigungsauftrag zugrunde liegenden Flächen ($m^2$) korrekt? Sind die Material-/Oberflächenangaben korrekt (z.B. Teppich, Fliesen etc.)? Sind in den Flächen die durch Mobiliar verdeckten Bereiche herausgerechnet? Werden diese auch kontinuierlich kontrolliert und angepasst?
- Wurde bei der Beauftragung von Baureinigungsarbeiten die „Richtlinie für die Vergabe und Abrechnung von Gebäudereinigungsarbeiten" im Standardleistungsbuch StLB 033 „Gebäudereinigungsarbeiten" DIN e.V. zugrunde gelegt?
- Welche Leistungen erbringen das Reinigungsunternehmen oder die internen Reinigungskräfte neben den eigentlichen Reinigungstätigkeiten, z.B. Leerung von Mülleimern, Auffüllen von Toilettenpaper, Handtüchern und Seife etc.? Ist das Leistungsbild sinnvoll?
- Gibt es einen definierten Reinigungsplan? Wer erstellt diesen und wer überprüft die Einhaltung des Planes? Werden Bereiche, die längere Zeit nicht genutzt werden (z.B. wg. Leerstand, Urlaub oder Umbaumaßnahmen) aus dem Reinigungsplan genommen und in der Abrechnung berücksichtigt?
- Sind saisonale Einflüsse im Reinigungsvertrag berücksichtigt? (Winter: Matsch und Schnee erfordern ggf. zusätzliche/häufigere Reinigungen.)
- Sind die eingesetzten Reinigungsmittel auf die zu reinigenden Oberflächen abgestimmt? Ist im Vertrag geregelt, wer die Reinigungsmittel stellen muss? Ist sichergestellt, dass die Reinigungsmittel richtig dosiert werden (z.B. durch den Einsatz von Dosierhilfen)? (Vermeidung von Wischspuren, Beschädigung der Oberflächen, Mehrkosten, Rutschgefahr, Risiken für Umwelt und Gesundheit)
- Ist der Einsatz von Arbeitsgeräten betriebswirtschaftlich bewertet worden, sofern der Auftraggeber darauf Einfluss nehmen kann/will? (Reinigungsleistung mit und ohne Arbeitsgeräten wie z.B. fahrbare Bodenreinigungsmaschinen)
- Gibt es ein Qualitätsmanagementsystem, welches die Reinigungsqualität erfasst? Ist dies zertifiziert, z.B. gemäß DIN EN ISO 9000?
- Welche Kontrollen sind im Reinigungsprozess implementiert (z.B. Checklisten, Kontrolllisten)? Wer führt Kontrollen durch und in welcher Frequenz? Sind die Kontrollen unabhängig und nachvollziehbar? Wie werden sie dokumentiert? Welche Maßnahmen wurden daraus abgeleitet?

Sind in Einzelfällen auch Hygieneanforderungen Teil der Kontrollen, z.B. Teeküchen, Duschen?

- Gibt es eine Systematik zur Verwaltung und Steuerung des Verbrauchs von Reinigungsmitteln, um Schwund zu vermeiden (Bestandsverwaltung, Verbrauchssteuerung, Kontrolle des Verbrauchs und der periodischen Veränderungen)?
- Unterliegen Reinigungen in sensiblen Bereichen (z.B. Vorstandsbüro, Entwicklungsbereich, Kassen-/Tresorraum etc.) besonderen Sicherheitsauflagen? Welche sind dies? Sind sie ausreichend und werden sie auch bei den Reinigungstätigkeiten berücksichtigt?
- Wie wird die Kundenzufriedenheit gemessen? Wie oft erfolgt eine Messung? Gibt es ein Beschwerdemanagement?
- Sind spezielle Anforderungen an Hygiene und Infektionsschutz definiert? Sind diese in einem Hygiene- und Gesundheitskonzept verankert?

### *6.2.2 Glas- und Fassadenreinigung*

Die Glasreinigung beinhaltet das Reinigen von Glasflächen verschiedenster Art wie Fenster, Schaufenster, Glasdächer und -kuppeln, Glasfassaden und -wände oder Glasaufzüge. Glatte Fassadenflächen können ähnlichen Anforderungen unterliegen wie Glasflächen. Die Reinigungsverfahren sind dann auf das entsprechende Fassadenmaterial anzupassen.

Zur Glasreinigung gehört auch die Reinigung der Rahmen, die in der Regel als Nassreinigung erfolgt. Das bei der Reinigung abgelaufene Schmutzwasser auf den Rahmen und den Fensterbänken ist als Teil der Reinigung zu entfernen.

Die Grundlagen für eine kostengünstige und effektive Reinigung der Glas-/Fassadenfläche wird häufig bereits durch eine Berücksichtigung in der Planungs- und Realisierungsphase von Gebäuden gelegt.

*Revisionsfragen:*

- Werden/wurden bei der Planung des Gebäudes (Fassade und Fensterflächen) die Aspekte der Fassaden-/Glasreinigung beachtet?
- Sind die erforderlichen Reinigungsmethoden und erforderlichen Ausrüstungsgegenstände und Maschinen (z.B. Hubsteiger, Befahranlage, Leitern) nach Wirtschaftlichkeitsaspekten und Handhabungskriterien definiert und ausgewählt worden?
- Wer ist für die Stellung der Reinigungsgeräte bzw. Reinigungshilfsmittel (z.B. Fassadenbefahranlage, Hubsteiger) verantwortlich?

- Sofern diese Geräte und Hilfsmittel im Eigentum des Auftraggebers sind, sind die Geräte und Hilfsmittel in einem technisch korrekten Zustand und werden sie regelmäßig gewartet und geprüft?
- Wer definiert den Reinigungszeitpunkt? Wird dieser nach Verschmutzungsgrad oder in Regelterminen festgelegt?
- Sind die zu reinigenden Glasflächen in den Leistungsbeschreibungen eindeutig definiert: Innen und Außen oder separat? Mit Rahmen? Mit Fensterbänken?
- Sind geeignete Reinigungsgeräte im Einsatz (Hubsteiger, Teleskopstangen etc.) und sind diese in einem ordnungsgemäßen Zustand?
- Wer ist Eigentümer von Reinigungsgeräten? Beachte: Wenn der Auftraggeber Eigentümer ist, dürfen diese Geräte nicht durch den Auftragnehmer berechnet werden (z.B. Fassadenbefahranlage).
- Sind die Lohnstundenansätze auf das Reinigungsgerät abgestimmt und realistisch?
- Werden die Reinigungsgeräte separat berechnet?
- Werden starke Verschmutzungen manuell, z.B. mit einer Klinge, gereinigt und separat verrechnet?
- Ist das Reinigungssystem für die jeweilige Glas-/Fassadenoberfläche geeignet?
- Sind die Reinigungskosten mit gestaffelten Preisen beauftragt?
- Wird die Reinigungsleistung (Umfang und Sauberkeit) abgenommen und im Rahmen der Rechnungsprüfung als Bezug verwendet?
- Werden ggfs. Mieter oder Nutzer über den Glasreinigungstermin informiert? (Stichwort: Zutritt ermöglichen, Räumung von Fensterbänken, Geheimhaltung etc.)

### *6.2.3 Sonderreinigung*

Sonderreinigung im Sinne dieses Leitfadens umfasst alle Reinigungsleistungen, die nicht zu den Bereichen Unterhaltsreinigung, Außenanlagen, Baureinigung, Infrastrukturelles Gebäudemanagement oder zum Industrie Service gehören. Sonderreinigungen zeichnen sich vor allem dadurch aus, dass diese häufig anlassbezogen beauftragt werden oder/und eine besondere Technik erforderlich ist. In diesem Zusammenhang können auch Sanierungsmaßnahmen in begrenztem Umfang eingebunden sein.

Hierzu können z.B. Grundreinigung, Fassadenreinigung (z.B. Entfernung von Graffiti) und die Teppichgrundreinigung sowie Fleckenentfernung gehören. Weitere Leistungen können hierbei z.B. sein:

- Aufbereitung oder Sanierung von Natursteinböden und Kunststoffbelägen
- Spezialbeschichtung von Kunst- und Natursteinböden
- Höhenarbeiten und Alpintechnik
- Teile- und Kleinteilereinigung sowie Reinigung von Flugzeugtechnik
- Fassadenreinigung
- Fugensanierung
- Desinfektion und Flächendesinfektion
- Entfernung von Vogelkot
- Sporen- und Schimmelentfernung
- Rohrreinigung und Reinigung von Kläranlagen
- Wasserschadenbeseitigung
- Brandschadenbeseitigung
- Fogging-Reinigung
- Reinigung historischer Bauwerke
- Reinigung von Heizkörpern mit Heißdampfverfahren
- Tatortreinigung
- Umsetzen von Bienenvölkern
- Behördlich angeordnete Desinfektionsmaßnahmen im Sinne des § 18 IFSG.
- Reinigung von Raumlufttechnischen Anlagen nach VDI 6022

*Revisionsfragen:*

Die Fragestellungen zu den Themen der Sonderreinigung können analog zu den Fragestellungen der vorangestellten Reinigungsthemen bearbeitet werden. Im Wesentlichen unterscheiden sich die Sonderreinigungen nur durch das zu reinigende Objekt und die Reinigungsart von den bereits aufgeführten Reinigungsarten.

### *6.2.4 Industriereinigung*

Die Reinigung von Industrieanlagen und Produktionsstätten erfordert von einem Dienstleister umfassendes und spezielles Know-how in den unterschiedlichsten Bereichen (z.B. Kenntnis über die zu reinigenden Anlagen und Maschinen, Sicherheitsbestimmungen, Besonderheiten usw.).

Die Ziele der Industriereinigung sind die Erhaltung der Funktionsfähigkeit von Prozessen, Maschinen und Anlagen, die Einhaltung von Arbeitsschutzvorgaben, sowie die Verlängerung der Nutzungsdauer.

Hierzu sollen für jeden Auftrag eindeutige und vollständige klare Verfahrens- und Arbeitsanweisungen erstellt werden, die mit dem Verantwortlichen für die Prozesse, Maschinen und Anlagen abzustimmen sind. Dies ist erforderlich, um die Herstellervorgaben, die Anforderung des Nutzers und das Umsetzen des definierten Wartungskonzepts (z.B. preventive maintenance) durch die Reinigung sicherzustellen. Hierbei können neben der eigentlichen Reinigung auch weitere Dienstleistungen (sog. Service Levels) definiert werden, wie z.B. Schmieren oder Schmierstoffwechsel. Die eingesetzten Methoden sollten nach Anwendbarkeit und Wirtschaftlichkeit definiert werden.

*Revisionsfragen:*

- Wie wurde die Häufigkeit der Reinigung definiert? Sind die Reinigungen mit den weiteren definierten Service Levels abgestimmt? Entsprechen sie dem Bedarf des Kunden?
- Sind in der Vergangenheit Probleme oder Leistungsdefizite im Zusammenhang mit der Industriereinigung aufgetreten? Welche? Was waren die Ursachen dafür? Sind diese behoben?
- Wurde untersucht, ob sich Arbeitsschritte verbinden lassen, um Synergien zu schaffen?
- Wurde hierdurch ein Vorteil für den Auftraggeber erreicht?
- Ist die Qualifikation der eingesetzten Reinigungskräfte ausreichend? Sind die Reinigungskräfte speziell in der Reinigung der einzelnen Maschinen und Anlagen geschult?
- Ist das Reinigungskonzept mit Sicherheitsvorschriften und -konzept der Industrieanlage harmonisiert?

## 6.3 Außenanlagen

### *6.3.1 Gärtnerdienste, Pflanzenpflege (innen und außen)*

Gärtnerdienstleistungen werden sowohl im Außenbereich (Pflege der Außenanlagen und Bepflanzungen) als auch in Gebäuden erbracht (Topfpflanzen, Begrünungen im Gebäude). Darüber hinaus sind Baumkontrollen im Rahmen der Verkehrssicherheit notwendig, die jedoch in diesem Leitfaden nicht explizit behandelt werden.

Für Pflanzen im Gebäude ist es wichtig zu definieren, welche Pflanzen zum Pflegeumfang gehören. Darüber hinaus sind die Tätigkeiten nach Frequenz und Pflegeumfang (Schnitt, Bewässerung, Düngen) zu definieren. Eine Methodik für den Austausch von Pflanzen, die nicht mehr wachsen oder beschädigt sind, ist zu definieren.

Zu den Gärtnerdiensten im Außenbereich gehören der übliche Schnitt der Rasenflächen, das Zurechtschneiden von Sträuchern und Bäumen, die Pflege von Blumenrabatten, Bewässerungsleistungen und weitere Leistungen wie Bepflanzung, Austausch, Düngen o.Ä.

Je nach vertraglicher Vereinbarung werden die Leistungen nach Aufwand (Stundensätze oder Preise für einzelne Leistungspositionen) oder pauschal beauftragt.

Um beides korrekt aus wirtschaftlichen Gesichtspunkten bewerten zu können, sind die zu pflegenden Pflanzen zu erfassen und eine Systematik der Pflege der Grünpflanzen (Art der Pflege, Häufigkeit, erforderliche Pflegegeräte, Bereitstellung von Pflegemitteln (Dünger, Wasser o.Ä.)) zu definieren.

*Revisionsfragen:*

Im Gebäude:

- Ist eine Firma für die Pflege der Innenpflanzen beauftragt? Sind die Pflanzen in einem gepflegten Zustand? Ist das Leistungsbild klar definiert (Erfassung der Pflanzen; Leistungen: z.B. Gießen, Entstauben, Wachstumspflege, Düngen, Umtopfen; Zyklen der Leistungserbringung) und passt das Leistungsbild zu den Anforderungen des Kunden?
- Wer für die Gestellung der Pflanzen verantwortlich? Wer ordert Pflanzen nach, wenn Pflanzen eingehen?
- Gibt es Überschneidungen zu den Leistungen der Unterhaltsreinigung oder zu Leistungen, die Mitarbeiter selbst erbringen?
- Wie hoch sind die Kosten für die Pflanzenpflege und wie ist sichergestellt, dass diese marktgerecht sind?
- Werden künstliche Pflanzen regelmäßig entstaubt und bei Bedarf imprägniert (Brandschutz)?

- Wie ist auf öffentlich zugänglichen Flächen sichergestellt, dass Nutzer, Passanten und Kunden nicht in Kontakt mit giftigen oder stark reizenden Pflanzen kommen können?

Außenanlage:

- Welchen Eindruck machen die Außenanlagen des Unternehmens? Entsprechen Sie dem Bild, das das Unternehmen verkörpern möchte? Gab es in der Vergangenheit Defizite oder Beschwerden bzgl. der Außenanlagenpflege? Wenn ja, welche und wie wurden diese gelöst?
- Durch wen wird die Pflege der Außenanlagen erbracht? (Eigenleistung, Fremdleistung, sowohl als auch) Warum hat man sich für das gewählte Konzept entschieden und ist es angemessen?
- Welche Leistungen werden an den Außenanlagen regelmäßig erbracht (z.B. Rasen vertikutieren, düngen, mähen, Unkraut jäten, Straße reinigen, Pflanzen gießen, Pflanzen zurückschneiden, Laub entfernen)? Sind diese klar definiert und die Zyklen angemessen?
- Wurden die Leistungen ausgeschrieben? Kann das Leistungsverzeichnis auch als Grundlage für die Abrechnung herangezogen werden? Wurden auch Eventualpositionen bepreist? Wurde zwischen regelmäßig wiederkehrenden Leistungen (die auf Mieter umlegbar sind) und nicht regelmäßig wiederkehrenden Leistungen unterschieden?
- Wurde bei der Beauftragung von Hecken- und Baumschnitt auf die Vogelschutzzeiten geachtet?
- Wurde bei der Auswahl von Düngemitteln, Fungiziden, Pestiziden etc. bei der Ausschreibung auf Umwelt-, Pflanzen-, Insekten- und Vogelschutz geachtet?
- Welche Leistungen werden zusätzlich/nach Bedarf ausgeführt? Falls Nachunternehmer eingesetzt werden, wie werden diese Leistungen beauftragt? Welche Leistungen wurden in der Vergangenheit ad hoc beauftragt und warum? Gibt es eine Vertragsgrundlage und Stundensatzvereinbarungen oder EP-Listen für Zusatzleistungen?
- Gibt es ein Baum- und Pflanzenkataster? Wie werden die Pflanzen lokalisiert?
- Ist die Pflege der Außenanlage einmalig für das gesamte Jahr oder in einzelnen Aktivitäten beauftragt worden?
- Ist geregelt, wer die zur Pflege erforderlichen Geräte stellt, und ist dies auch korrekt in den Abrechnungen erfasst worden?
- Darf für die Bewässerung der Pflanzen das Leitungswasser auf Kosten des Auftraggebers entnommen werden oder gibt es andere Regelungen?

- Ist definiert, wie das erwartete Ergebnis der Leistung aussehen soll? Wie ist sichergestellt, dass die vertraglich geschuldete Leistung in der vereinbarten Qualität erbracht wurde?
- Ist die Verantwortung der Verkehrssicherungspflicht resultierend aus dem Bewuchs klar definiert?
- Welche regionalen/behördlichen Vorgaben gibt es, die bei der Erbringung der Leistung zu berücksichtigen sind (ggf. Pflanzenhöhen, Bewuchs im Sichtdreieck von Verkehrswegen usw.)? Wie ist sichergestellt, dass diese eingehalten werden?
- Wie ist die Entsorgung des Schnittgutes geregelt?
- Werden bei der Grünpflege Auflagen zur Art der akzeptierten Unkrautbeseitigungsmaßnahmen und -mittel definiert (z.B. Verbot von Chemikalien)?

### *6.3.2 Winterdienst*

Dem Eigentümer eines Grundstücks obliegt die Verkehrssicherungspflicht (vgl. § 823 BGB). Dazu gehört auch, die Geh- und Verkehrswege auf dem Grundstück im Winter von Eis und Schnee freizuhalten und Passanten vor herunterfallenden Schneelawinen und Eiszapfen zu schützen.

Der Eigentümer kann die Verantwortung an den Mieter der Immobilie delegieren. Häufig beauftragen entweder der Eigentümer oder die Mietergemeinschaft einen Winterdienst.

Neben der Verkehrssicherungspflicht auf dem eigenen Grundstück ist auch eine Verpflichtung der Schneeräumung auf angrenzenden öffentlichen Gehwegen sicherzustellen. (Grundsätzlich sind die Städte und Gemeinden für das Räumen von Straßen und Gehwegen zuständig. Allerdings haben viele Kommunen diese Verpflichtung mittels kommunaler Verordnungen oder Gesetzen (z.B. Münchner Straßenreinigungs- und Sicherungsverordnung, Hamburgisches Wegegesetz) an die Grundstückseigentümer übertragen.

*Revisionsfragen:*

- Wer ist für die Verkehrssicherungspflichten verantwortlich? Sind die Verantwortlichkeiten klar und schriftlich geregelt und den Beteiligten bekannt (z.B. im Mietvertrag mit klarem Hinweis auf Streu- und Räumpflicht)? Ist das mit dem Verkehrssicherungskonzept (Kontrollen) abgestimmt?
- Werden neben der eigenen Liegenschaft auch die zugeteilten öffentlichen Flächen vom Schnee befreit und ausreichend sicher begehbar gemacht? Ist hier auch die ausreichende Entwässerung bei Tauwetter enthalten?

- Auf welcher Basis erfolgt die Ausschreibung der Winterdienste? Nach definierten Einsatzzeiten, nach einem festgelegten Einsatzszenario? Sind die vereinbarten Service Level ausreichend und wurden sie in der Vergangenheit eingehalten?
- Wie erfolgt die Abrechnung der Winterdienste? Nach Einsatzzeiten oder pauschal? Mit Anfahrzeit und Zuschlägen für ungünstige Zeiten? Sind hierbei Nebenarbeiten, Materialien, Transport, Abladekosten, Gestellung der nötigen Werkzeuge, Geräte, Maschinen inkl. Rüst- und Betriebskosten und dergleichen enthalten?
- Wie erfolgt die Bestellung der Winterdienste?
- Wer stellt die Schneereinigungsutensilien (Räumfahrzeug, Räumschaufel, Streusalz/-sand/-split)?
- Ist der Einsatz von Streusalz gestattet? Werden statt Taumittel abstumpfende Streumittel (Asche, Granulat) eingesetzt? Wie werden zusammengefegter Sand oder Split entsorgt?
- Sind Dachüberstände ausreichend gesichert, um Schneelawinen und den Fall von Eiszapfen zu vermeiden?
- Sind Zeiten definiert, zu denen der beauftragte Schneeräumdienst die Flächen räumen muss? Wer legt den Einsatz der Schneeräumkräfte fest?
- Werden Enteisungsvorrichtungen vorgehalten und bei entsprechender Witterung eingeschaltet (z.B. Rampen- oder Dachrinnenheizung)? Wie wird sichergestellt, dass diese Heizungen bei entsprechender Witterung wieder ausgeschaltet werden (Stromverbrauch)?

### *6.3.3 Gehweg-, Straßen- und Parkplatzreinigung*

Die regelmäßige Reinigung der Verkehrsflächen ist aufgrund der Verkehrssicherheit erforderlich und verleiht dem Gebäude und der Liegenschaft ein gepflegtes und seriöses Erscheinungsbild.

Die Beseitigung von Staub und Unrat sowie von Blüten und Blättern von den Verkehrswegen sorgt dafür, dass die Verkehrswege gefahrlos genutzt werden können. In einzelnen Fällen (vor allem in den Innenstädten größere Städte) wird diese Leistung durch die Stadtreinigung durchgeführt und dem Eigentümer in Rechnung gestellt.

*Revisionsfragen:*

Im Wesentlichen unterscheidet sich die Reinigung der Verkehrsflächen nicht vom Winterdienst und die Fragestellungen können sinngemäß übernommen werden. Wesentliche Unterschiede liegen hier im zu entfernenden Material (Blätter, Staub und Müll statt Eis und Schnee) und in der Dringlichkeit und Planbarkeit der Reinigung, in der Häufigkeit und in den eingesetzten Geräten.

Zusätzlich bieten sich folgende Fragen an:

- Wie ist das Erscheinungsbild der äußeren Verkehrsflächen? Hat es in der Vergangenheit Schwierigkeiten/Probleme mit den Reinigungsleistungen gegeben? Sind im Prüfungszeitraum Unfälle passiert, die auf eine mangelhafte erfüllte Verkehrssicherungspflicht zurückgeführt werden können? Wenn ja, welche?
- Wurde die Leistung ausgeschrieben? Liegt ein Leistungsverzeichnis (Flächen, Turnus) vor, das zur Leistungskontrolle und Abrechnung herangezogen werden kann?
- Ist die Kontrolle der Entwässerung und ggf. auch Reinigung der Oberflächenentwässerung Teil des Auftrages?
- Ist die Entleerung der Mülleimer und Aschenbecher sichergestellt? Ist dies Teil des Reinigungsauftrages?
- Gehört zu den Außenanlagen auch die Pflege der begrünten Dachflächen? Sind die hierfür definierten Tätigkeiten reinigend, pflegend, oder/und kontrollierend?
- Liegt der Gebührenbescheid der Stadt für Straßenreinigung vor und sind die darin ausgewiesenen Flächen nachvollziehbar?

### *6.3.4 Schädlingsbekämpfung*

Ein wachsendes Gesundheitsbewusstsein und steigende Anforderungen an die Qualität des Betriebes von Gebäuden lassen die Schädlingsbekämpfung zu einem wichtigen Baustein der IGM-Leistungen avancieren.

Neben der reinen Schädlingsbekämpfung wird in vielen Liegenschaften die Schädlingsbekämpfung präventiv durchführt. Sie hat vor allem im Umgang mit Lebensmitteln besondere Bedeutung und unterliegt hohen Anforderungen.

*Revisionsfragen:*

- Welche Maßnahmen zur Schädlingsbekämpfung werden regelmäßig durchgeführt? Welche rechtlichen Vorgaben gibt es und wie ist sichergestellt, dass diese eingehalten werden?
- Gab oder gibt es konkrete Probleme mit Schädlingsbefall? Wenn ja, welche? Was wurde unternommen, um den Schädlingsbefall zu unterbinden? Waren die Maßnahmen erfolgreich und angemessen?
- Sind die Vorgaben bzgl. der Schädlingsbekämpfung bekannt und wie ist sichergestellt, dass diese eingehalten werden (z.B. Gefahrstoffverordnung, Biozidverordnung, Technische Regeln für Gefahrstoffe (TRGS) 523, Technische Regeln und Normen der Schädlingsbekämpfung (TRNS) DIN 10523 –

Schädlingsbekämpfung im Lebensmittelbereich, Länderverordnungen über die Bekämpfung von tierischen Schädlingen u. a.)?

- Sind ausgewählte Schädlingsbekämpfer qualifiziert/zertifiziert und besitzen diese eine behördliche Genehmigung zur Schädlingsbekämpfung/ Bekämpfung von Wirbeltieren?
- Liegen die Sicherheitsdatenblätter aller eingesetzten Mittel sowie die erforderlichen Gefährdungsbeurteilungen nach § 6 sowie Betriebsanweisungen nach § 14 der aktuellen Gefahrstoffverordnung vor der erstmaligen Anwendung vor?
- Werden regelmäßig Begehungen auf Schädlingsbefall (innen und außen) durchgeführt und werden dazu Berichte und ggf. Maßnahmen erstellt?
- Ist der Umfang der möglichen Gegenmaßnahmen definiert und ggf. auch eingeschränkt, sofern dadurch andere negative Beeinträchtigungen ausgelöst werden (z.B. von Personen oder Haustieren)?
- Wird die Wirksamkeit der Gegenmaßnahmen regelmäßig überprüft und ggf. angepasst?
- Werden Folgeschäden (z.B. Bissschäden) gemeldet? Ist das mit der Regulierung durch eine Versicherung abgestimmt?
- Werden nach erfolgreicher Schädlingsbekämpfung Entwesungs- und Desinfektionsmaßnahmen durchgeführt?
- Sind zeitliche Einschränkungen für die Schädlingsbekämpfungsmaßnahmen definiert und haben diese Auswirkung auf die verrechneten Kosten (z.B. bei Einsatz am Wochenende)?
- Wie werden die Leistungen verrechnet: Pauschal? Nach Aufwand? Wie erfolgt die Erfassung nach den Grundsätzen ordnungsgemäßer Buchführung?
- Gibt es vertragliche Vereinbarungen zur Schädlingsbekämpfung? Sind diese vollständig? Wann wurden die Leistungen zuletzt ausgeschrieben? Wie ist sichergestellt, dass die Preise marktgerecht sind?

## 6.4 Sicherheit

Um eine optimale Sicherheit gewährleisten zu können, muss der Objektschutz immer auf die Sicherheitsanforderungen des einzelnen Objektes zugeschnitten sein.

Nach den Reinigungsdienstleistungen sind die Security-Dienstleistungen in der Regel der kostenintensivste Teil des Infrastrukturellen Gebäudemanagements.

**Wesentliche Risiken im Bereich Sicherheit**
Unbefugte können sich Zutritt zu den Gebäuden und Anlagen eines Unternehmens verschaffen und Schäden verursachen, z.B. durch

- Diebstahl von Produkten oder anderem Material
- Vandalismus
- Sabotage
- Zugriff auf Unternehmens Know-how
- Spionage
- Diebstahl von vertraulichen Unterlagen

Fehlende oder unzureichende Unterweisung von firmenfremden Personen auf dem Werksgelände in Bezug auf Health, Safety, Environment (HSE) kann zu Haftung bei Unfällen führen.

Defekte und unzureichend gewartete sicherheitstechnische Anlagen können zu Personen- und Vermögensschäden führen.

Inhaltlich gibt es unterschiedliche Sicherheitsleistungen, die je nach Gefährdungsbeurteilung oder aus betriebswirtschaftlichen oder anderen Gründen zusammengestellt werden.

Neben Bewachungs- und Kontrollaufgaben bieten große Sicherheitsdienstleister weitere Sicherheitsdienstleistungen an, wie z.B. die Werksfeuerwehr. Hier kann es zu Schnittstellen in der Abdeckung der Aufgaben kommen.

*Revisionsfragen:*

- Welche Sicherheitsanforderungen bestehen im Unternehmen bzw. für das spezifische Gebäude? Sind diese angemessen?
- Wurde für das Unternehmen und deren Liegenschaften eine Gefährdungsanalyse erstellt? Wurden Gefahren/Risiken identifiziert und deren Schadensumfang und Eintrittswahrscheinlichkeit abgeschätzt, kommuniziert und festgelegt? Werden die Gefährdungsanalysen regelmäßig überprüft und ggf. aktualisiert?
- Sind daraus resultierend Gefährdungsszenarien abgeleitet worden, welche die Grundlage für vordefinierte Handlungsabfolgen darstellen, wie sie z.B. in einem Notfallhandbuch enthalten sind? Gibt es ein entsprechendes Notfallhandbuch oder einen Alarmplan und sind diese aktuell?
- Welche Maßnahmen wurden ergriffen, um den Sicherheitsanforderungen nachzukommen? Spiegeln diese die Sicherheitsanforderungen des Unternehmens wider? Gibt es unternehmensinterne Sicherheitsrichtlinien (z.B. Merkblätter)? Sind diese bekannt und werden befolgt?

- Wurden Sicherheitsübungen (z. B. Brandschutzübungen) mit den Nutzern der Gebäude regelmäßig durchgeführt? Wurden Mängel erkannt und behoben?
- Wird die Zutrittsberechtigung (und auch IT-Zugriffsberechtigungen) bei ausscheidenden Mitarbeitern entzogen bzw. Mitarbeitern, die längere Zeit nicht für das Unternehmen tätig sind (z. B. Mutterschutz), entzogen oder stillgelegt? Ggf. sollte eine Stichprobe für Mitarbeitern, die das Unternehmen verlassen haben, erfolgen.
- Gibt es einen Objektschutz? Wie ist dieser organsiert und welche Objekte sind in den Objektschutz eingebunden? Welche Sicherheitseinstufungen (z. B. Sicherheitszone, Bewachungsintensität) sind damit verbunden?
- Welche unternehmensinternen Sicherheitsrichtlinien (z. B. Merkblätter) gibt es? Wie werden Zugangsberechtigungen und Erlaubnisse für bestimmte Arbeiten (z. B. Deaktivieren von Alarmanlagen, Betreten von Sicherheitsbereichen) vergeben und kontrolliert? Wird z. B. beim Ausschalten von bestimmten Anlagen (z. B. Brandmeldeanlage o. Ä.) Wachpersonal eingesetzt?
- Wird bei eingesetzter Videoüberwachung im öffentlichen Bereich ausreichend (durch Schilder) darauf hingewiesen? (Einhaltung gesetzlicher Vorgaben, Auflistung des Gesetzes, BDSG)
- Ist sichergestellt, dass nur der eigene Verantwortungsbereich videoüberwacht wird und nicht der Nachbarbereich (Verstoß gegen das allgemeine Persönlichkeitsrecht des Nachbarn)?
- Gibt es ein externes Sicherheitsunternehmen und, wenn ja, hat es Zugriff auf firmeninterne Daten, z. B. über einen Zugriff auf das Firmen-Intranet? Wird das „need to know/need to have"-Prinzip eingehalten?

### *6.4.1 Sicherheitsdienst*

Zu den wesentlichen Elementen einer Sicherheitsdienstleistung gehören der Wachdienst und die Ein- und Auslasskontrolle als Objekt- und Werkschutz mit Pförtner-Tätigkeiten, die auch zur Kontrolle von Mitarbeitern eingesetzt werden kann. Darüber hinaus sind weitere Aufgaben aus dem Bereich des vorbeugenden Brandschutzes, das Betreiben einer Notruf- und Gefahrenleitstelle sowie die Kontrolle von Gefahrenmeldeanlagen (z. B. für Einbruch und Feuer) häufige Bestandteile des Sicherheitsdienstleistungsvertrages. Neben dem Objektschutz können Sicherheitsdienste auch im Personenschutz für besonders schützenswerte Personen oder für die Absicherung von Geld- und Werttransporten eingesetzt werden.

*Revisionsfragen:*

Strategische Aspekte

- Welche Sicherheitsdienstleistungen werden durch interne, welche durch externe Mitarbeiter erbracht? Sind die Gründe für den Einsatz und das Konzept plausibel?
- Welche Aufgaben hat der Sicherheitsdienst? Sind die Aufgaben klar definiert und ist die Organisation angemessen?
- Hat es in der Vergangenheit Sicherheitsvorfälle gegeben? Welche? Wurden diese analysiert und gab es Konsequenzen aus den Vorfällen?
- Gibt es in Bezug auf die Sicherheit besondere bauliche Herausforderungen oder Herausforderungen der Lage? Wie wird mit diesen umgegangen?
- Wie werden die Leistungsqualität und die Leistungserbringung der Sicherheitsdienstleistungen sichergestellt?

*Vergabe von Sicherheitsdienstleistungen*

- Falls mit einem externen Unternehmen zusammengearbeitet wird, wurde vor Beginn des Auswahlverfahrens eine (erste) Sicherheitsanalyse oder/ und eine Begehung vor Ort mit den Bietern durchgeführt? Ist somit das anzubietende Leistungsspektrum definiert, um Angebote vergleichen zu können?
- Welche Referenzen werden bei Vergabe des Sicherheitsdienstes an Drittfirmen im Vorfeld eingeholt (z.B. Mitgliedschaft im Berufsverband) und welche weiteren Kriterien (z.B. Unternehmensgröße, Leistungsspektrum, Erfahrungen) werden zur Bedingung gemacht?
- Sind die für die Sicherheitsfirma arbeitenden Kräfte mindestens nach § 34a GewO geschult? Sind bei waffentragenden Sicherheitsmitarbeitern die einschlägigen Bestimmungen des Waffengesetzes berücksichtigt?
- Wie ist sichergestellt, dass nur Personal eingesetzt wird, welches für die jeweiligen Dienste geeignet ist (Lebenslauf, polizeiliches Führungszeugnis, Einstellungstests, Verständigung/Sprache)?
- Ist sichergestellt, dass bei Personalwechsel oder Urlaubsvertretung die gleichen Maßstäbe bzgl. Qualifikation und Eignung angewandt werden, wie für das reguläre Sicherheitspersonal?
- Gibt es einen gültigen Vertrag, in welchem die o. a. Kriterien definiert sind?
- Enthält der Vertrag eine Vertraulichkeitsklausel?

*Kontrolle der bzw. durch Sicherheitsdienstleister*

- Wie ist sichergestellt, dass Sicherheitsdienstmitarbeiter keinen Zugang zu internen, vertraulichen Unterlagen haben?
- Wie ist sichergestellt, dass bei wichtigen Überprüfungen, gefährdeten Transporten u.Ä. mindestens zwei Personen (Vier-Augen-Prinzip) beteiligt sind?
- Wie ist die Tätigkeit der Sicherheitsdienste dokumentiert? (Rondenzettel, Wachbuch mit Nachweis der Tätigkeiten je Schicht) Werden diese Dokumentationen regelmäßig (täglich/wöchentlich) vom Auftraggeber geprüft (durch Unterschrift)? Wie werden diese Rundgänge dokumentiert (z.B. elektronisch)?
- Welche Aufgaben erfüllt der Sicherheitsdienst bei seinen Rundgängen? Wie ist sichergestellt, dass Türen, Tore, Schleusen etc. nicht verkeilt oder technisch außer Funktion gesetzt wurden?
- Wie wird die Sicherheit bei Baumaßnahmen/auf Baustellen gewährleitet? (Zufahrtskontrollen, Zutrittsbeschränkungen etc.)
- Wie werden die durchgeführten Einweisungen dokumentiert (Organisationshaftung)?
- Wie werden sicherheitsrelevante Ereignisse verarbeitet/gemeldet? Erfolgt dies zeitnah?

### *6.4.2 Pforte, Empfang*

Das Personal an der Pforte oder am Empfang vermittelt den ersten Eindruck, den ein Unternehmen bei Gästen hinterlässt und ist ein wichtiger Baustein im Sicherheitskonzept.

Je nach Unternehmen werden an der Pforte die folgenden Aufgaben übernommen:

- Besuchermanagement
- Ausgabe von Besucher- und Parkausweisen
- Überprüfung des Warenverkehrs (sofern dies nicht anders geregelt ist)
- Übernahme von Telefon- und Schließdiensten
- Schrankenöffnungen und die Überwachung von besonderen Bereichen (vor allem bzgl. Zutritt) mittels Videoüberwachungsanlage

*Revisionsfragen:*

- Welche Aufgaben übernimmt die Pforte, bzw. der Empfang? Sind die Aufgaben klar definiert? Hat es in der Vergangenheit besondere Vorfälle am

Empfang gegeben oder gab es Prozesse, die wiederholt nicht gut funktioniert haben?

- Welche weiteren Aufgaben werden vom Empfang durchgeführt (z.B. Schlüsselverwahrung, Bestätigung der Überwachungsrundgänge, Alarmweiterleitung, Telefonzentrale, Parkplatzverwaltung)?
- Gibt es prozessuale Widersprüche, wie z.B. ständige Besetzung der Pforte und gleichzeitig stündlicher Rundgang von 15 Minuten?
- Sofern die Personenbefreiung aus Aufzügen zu den Aufgaben der Empfangsmitarbeiter gehört: ist das Personal nachweislich geschult und unterwiesen worden?
- Ist das Zugangskonzept am Empfang in das Sicherheitskonzept des Standortes integriert? Wie arbeiten der Sicherheitsdienst und der Empfang zusammen? Gibt es Überlappungen oder Regelungslücken?
- Welche Zugangskontrollen (maschinell/personell) wurden für eigenes Personal bzw. für Externe (z.B. Fremdfirmenmitarbeiter, Gäste) definiert und wie wird sichergestellt, dass die Vorgaben eingehalten werden? Entspricht die Zugangskontrolle dem aktuellen Stand der Technik?
- Wie ist sichergestellt, dass kein Firmeninventar entwendet wird? (z.B. Stichproben bei Taschen, Einsatz durchsichtiger Müllsäcke) Welche Rechte und Möglichkeiten hat hierfür das Personal?
- Wie werden Sonderbereiche abgesichert (z.B. Rechenzentren, Entwicklungsabteilungen)?
- Welche Regelungen gibt es für Besucher? Werden diese beim Betreten des Bereiches in Bezug auf Sicherheit und HSE unterwiesen?
- Welche Formen der Zutrittskontrolle (z.B. Kartenleser, Personenvereinzelungsanlagen, Empfang, Codes) sind vorhanden und sind diese schlüssig und ausreichend? Wie werden Fahrzeuge und deren Insassen kontrolliert?
- Wie ist sichergestellt, dass nach Versetzungen oder Austritt von Personen aus dem Unternehmen die Zutrittskarten, Codes o.Ä. gesperrt, geändert bzw. die Empfangsmitarbeiter unterrichtet werden?
- Welche Befugnisse hat das Empfangspersonal und anhand welcher Kriterien wird der Zugang zum Gebäude gewährt (schriftlicher Antrag auf Code bzw. Karte, Einladungen)?
- Welche Kompetenzregelungen hinsichtlich der Zutrittsbeantragung bzw. -genehmigung gibt es? Wie wird das überprüft?
- Müssen Besucher oder Boten im Gebäude vom Sicherheitspersonal bzw. von den entsprechenden Mitarbeitern begleitet werden und/oder sind Besucherausweise sichtbar zu tragen?

- Liegen dem Empfangspersonal z.B. Alarmierungspläne vor und ist das Personal entsprechend geschult?
- Sind alle Zugänge (z.B. Tiefgarage, Hintereingang) gesichert und muss jede Person am Empfang vorbei?
- Wie ist geregelt, dass sich Handwerker und Reinigungspersonal etc. vor dem Betreten des Gebäudes ausweisen? Erhält dieser Personenkreis einen persönlichen Zutrittsausweis (z.B. mit Name, Lichtbild und Zeitraumangabe)?
- Wie ist sichergestellt, dass z.B. Handwerker und Reinigungspersonal im Vorfeld avisiert werden und ohne vorangegangene Ankündigung nicht in ein Gebäude gelassen werden?
- Wie ist sichergestellt, dass ausgegebene Zutrittskarten (z.B. von Besuchern, Boten, Handwerkern) nach Verlassen des Gebäudes zurückgegeben und erfasst werden?
- Mit welchem Aufwand können Auswertungen über Verweildauern angefertigt werden und wie aussagefähig sind diese (z.B. Abgleich mit Stundenlohnrapporten)? Wurde dies mit dem Datenschutzbeauftragten und ggf. Betriebsrat (bei eigenen Sicherheitskräften) abgestimmt?
- In welcher Form werden ausgewählte Personengruppen (z.B. Besucher mit mehrtägigem Aufenthalt) über Sicherheits- und Umweltschutzaspekte (z.B. Fluchtwege, Sammelplätze, Energiesparen, Recycling) informiert? Ist vorgeschrieben, dass die Kenntnisnahme dieser Regeln bestätigt werden muss (z.B. unterschriftlich)?
- Wie lange ist die Pforte besetzt? Wie ist die Erreichbarkeit der Pforte außerhalb dieser Zeiten geregelt? Ist eine Rufbereitschaft eingerichtet?
- Ist sichergestellt, dass Personen, die nicht regelmäßig in der Firmeninfrastruktur tätig sind, über die gültigen Verfahren in Bezug auf Arbeitssicherheit unterwiesen sind (Rettungswege, Sammelpunkte, Alarmierungswege, Notfallnummer, Verhalten im Notfall, usw.)? Ist dies auch nachvollziehbar dokumentiert?

### *6.4.3 Technischer Objekt- und Werkschutz*

Neben der organisatorischen Sicherheit ist die technische Sicherheit ein wesentlicher Teil des gesamten Sicherheitskonzeptes. In der Regel wird hierbei die Sicherheitstechnik vom Eigentümer der Immobilie gestellt, es gibt jedoch auch andere Konzepte (z.B. sogenannte Betreibermodelle), in denen der beauftragte Sicherheitsdienstleister auch die Absicherungstechnik stellt. In diesem Fall wird vom Auftraggeber häufig lediglich das Sicherheitsziel definiert, der Weg, um dies zu erreichen (z.B. Anzahl des eingesetzten Personals oder die eingesetzte Technik) bleibt dem Sicherheitsdienstleister überlassen.

*Revisionsfragen:*

- Welche sicherheitstechnischen Anlagen sind im Objekt/auf der Liegenschaft vorhanden? Entsprechen diese dem vorgegebenen Sicherheitskonzept und dem Schutzbedarf der Nutzer? Sind die Anlagen funktionsfähig und betriebsbereit?
- Wer ist operativ verantwortlich für die technische Überwachung (z.B. Videoüberwachungstechnik, Bewegungsmelder, Zutrittskontrollanlagen)?
- Falls der Auftraggeber nicht Eigentümer der Technik ist, sind die vertraglichen Vereinbarungen (z.B. SLAs bezüglich Funktionsfähigkeit, Wartung, Schnittstellen) eindeutig definiert? Wie ist das Vergütungsmodell und ist dies eindeutig, transparent und marktgerecht?
- Für welche Objekte gibt es selbstprüfende Bewegungsmelder und wie ist sichergestellt, dass vor der Scharfschaltung der Einbruchmeldeanlage eine Überprüfung auf Manipulationen durchgeführt wird? Wie ist die Prüfung dokumentiert?
- Welche Anforderungen werden an Gefahrenmeldeanlagen gestellt (VdS-Zertifizierung)? Wie häufig wird die Gefahrenmeldeanlage auf einwandfreie Funktion überprüft? Entspricht dieser Rhythmus den internen Vorgaben und Auflagen der Versicherungen?
- Wie wird dokumentiert, zu welcher Zeit die Gefahrenmeldeanlage aktiviert und deaktiviert wurde? Wird bei Deaktivierung z.B. eine Brandwache eingesetzt? Wo und wie lange werden diese Unterlagen aufbewahrt? Gibt es regelmäßige Überprüfungen dieser Unterlagen und werden außergewöhnliche Zeiten nachvollzogen?
- Befindet sich die Gefahrenmeldeanlage in einem ausreichend gesicherten Raum (z.B. Bewegungsmelder im Raum, erschwerter Zugang)?
- Wohin wird bei Alarmierung der gemeldete Alarm geleitet (z.B. zentraler Sicherheitsleitstand, Polizei, Feuerwehr) und wie ist sichergestellt, dass diese Stellen permanent besetzt sind?
- Welche Ablaufpläne werden für unterschiedliche Alarmfälle vorgehalten, und wie wird deren Aktualität (z.B. Telefonnummern, Ansprechpartner) sichergestellt und werden ggf. bestehende gesetzliche Bestimmungen (z.B. Brandschutzverordnung, Aufzugsverordnung) erfüllt?
- Werden die alarmauslösenden Meldungen gespeichert und wie lange werden sie vorgehalten? Sind dabei die Vorgaben des Datenschutzes eingehalten?
- Werden regelmäßig Probealarme durchgeführt und dokumentiert? Werden die sicherheitstechnischen Anlagen nach Herstellerangaben regelmäßig geprüft und gewartet?

- Welche Objekte sind in den Objektschutz eingebunden und welche Sicherheitseinstufungen (z.B. Sicherheitszone, Bewachungsintensität) sind damit verbunden? Gibt es Sicherheitsschleusen und werden diese regelmäßig genutzt?

## 6.5 Flächenmanagement

Im Rahmen des Flächenmanagements werden die bestehenden Flächen und deren Nutzungen dokumentiert und laufend aktualisiert. Diese dienen als fundierte Datengrundlage für flächenbezogene Prozesse im Hinblick auf Nutzung und Verwertung von Flächen, wie z.B. die Flächenverrechnung, Raumplanung und das Umzugsmanagement.

Weiterhin dienen die Flächeninformationen als Grundlage für die Berechnung von Kennzahlen oder als Grundlage von Ausschreibungs-, Einkaufs- und Abrechnungsprozessen von Facility-Management- und Reinigungsdienstleistungen. Hierzu können neben den reinen Flächenangaben auch weitere Flächendaten erfasst und verwaltet werden (z.B. Bodenbelagsarten, flexible Wandsysteme).

Hierbei kann das Flächenmanagements unterschiedliche Ausprägungen haben: vom einfachen Erfassen vorhandener Flächen bis hin zu einem integrierten Flächenmanagement-System mit Schnittstellen zu z.B. Real Estate, Umzugsmanagement, Wartungsplanung, Gebäudeleittechnik usw.

**Wesentliche Risiken im Bereich Flächenmanagement**
Aufgrund eines unzureichenden oder nicht vorhandenen zentralisierten Flächenmanagements können wirtschaftliche Schäden entstehen, weil

- unnötig oder zu teuer Flächen angemietet werden,
- Flächen nicht effizient genutzt werden,
- ungenutzte Flächen nicht verwertet werden,
- Flächenbedarfe nicht zeitnah zur Verfügung gestellt werden,
- Flächen für die aktuelle Nutzung nicht optimal geeignet sind.

Falsche Beauftragung, Abrechnung, Verrechnung oder Erhebung von Leistungen, deren Basis flächenbezogen ist (z.B. zu reinigende Fläche). Falsche/fehlerhafte Ermittlung von Kennzahlen, kann zu falschen daraus abgeleiteten Maßnahmen führen.

Die Erreichung von definierten flächenbezogenen Zielen (z.B. $CO_2$-Einsparung pro $m^2$) wird falsch ausgewiesen.

Zur Unterstützung des Flächenmanagements kommen häufig eine CAFM-Software oder andere IT-gestützte Tools zum Einsatz. Die darin enthaltenen

Daten werden häufig für Zwecke des Mietvertragsmanagements genutzt und unterstützen so das Immobilien-/Property-Management.

Mithilfe einer zentralen Datenerfassung und Pflege unterstützt die Software bei

- Kosten- und Flächenzuordnung z.B. nach DIN 277 und GIF – Gesellschaft für Immobilienwirtschaftliche Forschung e.V.
- Flächendokumentation und Zuordnung der Flächenattribute.
- Umlage von Flächenkosten.
- Flächenbelegungsplanung.
- Umzugsplanung.
- Leerstandsmanagement.
- Flächenanalyse.
- Ermittlung von Flächenkosten und Flächenkennwerten.
- Bereitstellung von Grundlagen für die Flächenplanung, Flächenoptimierung oder Flächenlayoutplanungen.
- Entwicklung von Flächenstandards.
- Pflege eines Raumbuches.

Ein gut strukturiertes Flächenmanagement ist auch die Basis für die Ermittlung von Fehlflächen. In der Regel ist bei Neubaumaßnahmen der Bedarf zu begründen. Hierzu sind die benötigten Flächen (die sich aus der Belegung und Nutzung der vorhandenen Flächen ergeben) den vorhandenen Flächen gegenüberzustellen. Hierzu ist es erforderlich, die Flächen korrekt zu erfassen (mindestens nach Größe und Art der Nutzung) und die Kriterien für den Bedarf (z.B. Fläche pro Mitarbeiter, Anzahl Toiletten) zu definieren.

*Revisionsfragen:*

- Welche Aufgaben hat das Flächenmanagement im Unternehmen? Sind die Aufgaben klar definiert und in der Abteilung und im Unternehmen bekannt?
- Sind die Ziele des Flächenmanagements klar definiert? Werden diese regelmäßig angepasst und die Zielerreichung nachverfolgt/ausgewertet?
- Wo ist das Flächenmanagement im Unternehmen organisatorisch angesiedelt? Ist es mit ausreichenden Ressourcen ausgestattet? Sind Vorgaben in Form von Richtlinien und Arbeitsanweisungen vorhanden, welche die verbindliche Einbindung des Flächenmanagements in die Prozesse vorgeben? Werden diese auch umgesetzt? Gibt es Funktionsüberschneidungen oder nicht geregelte Schnittstellen? Wenn ja, welche?

- Welche Schnittstellen hat das Flächenmanagement zu anderen Abteilungen (z.B. bei Umzügen, Umbauten, Umstrukturierungen) und wie sind diese organisiert? Wird das Flächenmanagement bei räumlichen und strukturellen Veränderungen, die räumliche Veränderungen nach sich ziehen, frühzeitig eingebunden?
- Gibt es zentrale Flächenvorgaben (z.B. zur Größe von Arbeitsplätzen, zur Ausstattung von Räumen oder Mobiliar)? Sind diese angemessen und werden sie eingehalten?
- Liegt eine aktuelle Flächendokumentation vor und wie ist sichergestellt, dass diese laufend gepflegt wird und auf dem neuesten Stand ist?
- Welche Kenndaten werden im Rahmen der Flächendokumentation erfasst? Sind diese relevant und ausreichend, um ein professionelles Flächenmanagement erbringen zu können? (Z.B. Nutzungsarten, Raumausstattung, beheizte/unbeheizte Fläche. Je nach Unternehmensbedarf und der Art und Größe der genutzten Immobilien können unterschiedliche Kennzahlen sinnvoll sein.)
- Welche Anforderungen gelten für die Flächendokumentation (Detaillierung)? Wie sind die Ersterfassung der Daten und ihre Prüfung sowie deren Aktualisierung (Umbau/Ausstattungsänderung) geregelt? Wer trägt hierfür die Verantwortung? Wie sind die diesbezüglichen Berichtswege geregelt?
- Auf welcher Basis (Datenquelle) erfolgt die Erfassung bestehender Flächen? Welche Flächen werden nicht aufgenommen und ist dies nachvollziehbar begründet?
- Wie wird die Erfassung dokumentiert (z.B. numerisch in Listenform und/ oder mit Hilfe eines CAD- oder CAFM-Systems)?
- Welche Normen oder Richtlinien (z.B. GIF, DIN 277 „Grundflächen und Rauminhalte im Bauwesen“) werden bei der Erfassung verwendet?
- Gibt es Probleme oder Ungenauigkeiten in der Umsetzung des Flächenmanagements und ,wenn ja, welche? Wo liegen die Ursachen? (z.B. unzureichenden Berücksichtigung von Flächendefinitionen in der Planungs- und Bauphase des Objektes)
- Wie und zu welchen Anlässen werden Flächenanalysen (z.B. bei Mieterwechsel, vor umfangreichen Instandhaltungs- bzw. Umbaumaßnahmen) durchgeführt? Welche Daten werden für die Wirtschaftlichkeitsbetrachtungen (Kosten-Nutzen-Verhältnis) erhoben? Wie werden Art und Umfang der Flächenanalyse dokumentiert?
- Wie werden im Vorfeld die Ziele (z.B. Kosteneinsparungen) von Flächenoptimierung festgelegt und kommuniziert?

- Welche Optimierungspotenziale ergaben sich aus der Analyse und wurden diese genutzt bzw. umgesetzt?
- Wie und zu welchem Zeitpunkt wird kontrolliert, ob sich die erwarteten Optimierungen eingestellt haben und ob die vorgegebenen Schwellenwerte (z.B. Return on Investment, Cashflow) erreicht wurden?
- Können Belegungen (Nutzungsart, Nutzer, Nutzungszeitraum) oder Leerstände ausgewertet werden? Werden diese Daten zur Optimierung von Kosten/Festlegung von Vermietungsschwerpunkten etc. herangezogen?
- Ergibt die Summe aller Teilflächen die errechnete/erfasste Gesamtfläche des Gebäudes? Wie ist sichergestellt, dass alle Flächen (z.B. unterschiedliche Mietflächen) im Gebäude nach einer einheitlichen Berechnungsgrundlage (z.B. GIF oder DIN 277) aufgenommen wurden?
- Das Flächenmanagement hat Schnittstellen zum An-/Vermietungsprozess. Ist im jeweiligen Mietvertrag die Flächen-Berechnungsgrundlage genannt?
- Wurden Kellerräume, Technikräume, Flure und ggfs. Garagen ebenfalls bei der Flächenberechnung erfasst? Werden diese Nebenflächen ggfs. separat erfasst? Wird der Bedarf an Lagerflächen hinterfragt (z.B. Einlagerungen von Altmöbeln)?
- Werden (insbesondere in vermieteten Objekten) Flächen nach exklusiv und/oder gemeinschaftlich genutzten Flächen unterschieden?

## 6.6 Weitere Serviceleistungen

Neben den bereits beschriebenen Elementen des IGM können weitere Aufgaben in die Hände des Facility-Managements gegeben werden bzw. durch dieses verwaltet werden. Hierunter fallen z.B. Verpflegungsdienste, Catering, Fuhrparkmanagement, Travel Management, Poststelle usw.

**Wesentliche Risiken weiterer Serviceleistungen**

- Falsche Beauftragung und Abrechnung von Leistungen
- Unzureichende Leistungserbringung
- Nicht-Einhaltung gesetzlicher Vorgaben (z.B. im Bereich Entsorgung)

Je nachdem welche dieser Bereiche geprüft werden sollen, können auch Sonderthemen und besonders für diese Bereiche zutreffende Fragenstellungen in der Prüfung zur Anwendung kommen, z.B. die Prüfung der Hygiene und Einhaltung der Kühlkette im Umgang mit Lebensmitteln bei der Prüfung von Catering und Verpflegungsdienstleistungen, oder die regelmäßige Prüfung der Führerscheine der Dienstwageninhaber im Fuhrparkmanagement, usw.

Dieser Leitfaden beschränkt sich jedoch auf die Themen, die bei den meisten Unternehmen relevant sind.

Für die Prüfung von Cateringdienstleistungen hat der DIIR-Arbeitskreis „Revision der Beschaffung" ein Kapitel im Band 61 der DIIR-Schriftenreihe „Revision der Beschaffung von Logistik- und Cateringdienstleistungen sowie Compliance im Einkauf" erstellt.

### *6.6.1 Hausmeisterdienste*

Die Definition eines Hausmeisters und sein Leistungsbild variieren stark. Es gibt Immobilien, in denen der Hausmeister zahlreiche technische Aufgaben übernimmt, in anderen ist er überwiegend für die Koordination von infrastrukturellen/technischen Aufgaben verantwortlich (vgl. auch Punkt 5.1 Technisches Gebäudemanagement) oder/und wirkt mit bei der Umsetzung der Betreiberpflichten. Zudem ist das Leistungsbild objektabhängig. Insbesondere bei größeren Bestandshaltern gibt es häufig keinen zentralen Hausmeister mehr, sondern einen Pool von Hausmeistern, die ein Portfolio betreuen.

Im klassischen Sinne ist der Hausmeister (Caretaker, Objektbetreuer) der erste Ansprechpartner für die Bewohner bzw. Gebäudenutzer, der sich um Ordnung und Sauberkeit in und um das Gebäude herum kümmert, und in Schadensfällen erster Ansprechpartner ist, der auch kleinere Reparaturen durchführen kann. Weiterhin überprüft bzw. stellt er die Funktionsbereitschaft von wichtigen Gebäudeeinrichtungen sicher (z.B. Bedienung oder Überwachung technischer Anlagen wie Heizung, Aufzug, Lüftung, Türen, Beleuchtung usw.). In Wohngebäuden unterstützt er oft auch bei der Umsetzung der Hausordnung.

*Revisionsfragen:*

- Sind die Aufgaben des Hausmeisterdienstes eindeutig und vollständig definiert (in Stellenbeschreibung, Leistungsverzeichnis oder Vertrag) und sind Art der Tätigkeit und Häufigkeit vereinbart?
- Ist die Ausbildung des Hausmeisters ausreichend für die geforderten Tätigkeiten?
- Sind neben den Hausmeisterdiensten weitere (administrative) Aufgaben definiert, z.B. Schlüsselverwaltung, Dokumentation von Kontrollen, Mietersprechstunden?
- Sind Reaktionszeiten für den Hausmeister vorgegeben? Sind diese dem Auftragsgegenstand angemessen definiert? Werden diese eingehalten und kontrolliert?

- Werden die Dienste pauschal nach Arbeitszeit verrechnet oder gibt es für einzelne definierte Leistungen zeitunabhängige Verrechnungspreise (z.B. flächenabhängig)?
- Sind Hausmeisterdienste Teil der Betriebskostenabrechnung und werden diese auf die Nutzer umgelegt (gilt ggf. auch für Nutzer eines Nicht-Wohngebäudes)? Die Vorgabe eines Abrechnungs-LV mit Unterscheidung in umlagefähige und nicht umlagefähige Leistungen des Hausmeisters kann hierbei für die interne/externe Verrechnung hilfreich sein.
- Sind einzelne Tätigkeiten direkt einem Nutzer zuzuordnen? Wurde der entsprechende Aufwand auch an diesen verrechnet?
- Wie wird die Rechnung der Hausmeisterdienste geprüft? Wer kontrolliert die Leistung des Hausmeisterdienstes bzw. nimmt diese ab? Gibt es interne Kontrollen und Eskalationsprozesse bei mangelhafter Leistung?

### *6.6.2 Entsorgung*

Unsachgemäßer Umgang oder unsachgemäße Beseitigung kann die Umwelt verschmutzen und schnell zu einem Reputationsschaden für das Unternehmen führen.

In der Wohnungswirtschaft, bei Büroimmobilien und im Einzelhandel ist die Entsorgung des Abfalls in der Regel über das örtliche Abfallentsorgungsunternehmen geregelt.

Im produzierenden Gewerbe ist die Beseitigung des anfallenden Abfalls komplexer, weil ein Teil der Abfälle als Wertstoff verkauft werden kann (z.B. Aluminiumspäne) und zusätzliche Einnahmen bringt. Darüber hinaus sind einige Abfälle als Gefahrstoffe oder als belastet klassifiziert, die besondere Anforderungen an die Abfallsammelstelle und die anschließende Entsorgung erfordern.

In bestimmten Geschäftsbereichen (z.B. im Handel) gibt es über den selbst produzierten Abfall auch eine Verpflichtung zur Rücknahme von Abfall (Verpackungsmüll, Batterien, Elektroaltgeräte usw.). Diese sind nicht Gegenstand dieses Leitfadens.

*Revisionsfragen:*

- Findet eine Mülltrennung statt? Was wird konkret getrennt? Und wie ist sichergestellt, dass die Mülltrennung tatsächlich und entsprechend des betriebsinternen Konzepts umgesetzt wird?
- Gibt es Verträge für die Entsorgung von Abfällen? Gibt es auch Verkaufserlöse (z.B. bei Wertstoffen wie Metallschrott o.Ä.)?
- Sind die Entsorger für die Beseitigung des jeweiligen Abfalls autorisiert/zertifiziert? Liegt der Nachweis hierfür vor, z.B. als Teil des Vertrages?

- Sind geeignete Flächen für das Sammeln von Abfällen vorhanden (z.B. überdachte Fläche, versiegelter Boden ohne Risse, Entwässerung zum Kanal, angeschlossen an einen Leichtflüssigkeitsabscheider)?
- Sind die Abfallbehälter geeignet und ausreichend groß bzw. ist durch einen geeigneten Leerungszyklus sichergestellt, dass die Kapazität der Abfallbehälter nicht über- oder unterschritten wird?
- Sind Müllpressen vor unbefugten Zugriff gesichert? Können Pressen nur bei Sichtkontakt zur Presse aktiviert werden?
- Für verwertbaren Müll: Wie und wo findet die Erfassung/das Wiegen der Müllmenge statt (sofern die Entsorgung nach Gewicht und nicht nach Volumen definiert ist)?
- Wie ist sichergestellt, dass bei den Entsorgungsvorgängen alle Auflagen des Gesetzgebers eingehalten wurden? Sind die geltenden gesetzlichen Vorgaben bekannt (z.B. RoHS, ElektroG) und wie werden diese aktualisiert?
- Gibt es Sondermüll, der besonders behandelt werden muss (z.B. Chemikalien, Öle, Schmierstoffe, Farben, Lacke, Bauschutt, strahlender Müll)? Sind den Verantwortlichen die Vorgaben, wie mit diesem Sondermüll umgegangen werden muss, bekannt und werden diese umgesetzt (z.B. Gefahrstoffregister, Auffangwannen, Gefahrstoffschränke, besondere Zwischenlagerflächen/Räume vorhanden)? Gibt es für diese Stoffe vollständige Entsorgungsnachweise?
- Gibt es einen Prozess zur Vernichtung und Entsorgung von Dokumenten und Datenträgern? Sind hierfür geeignete (verschlossene) Sammelbehälter vorhanden? Erfolgt die Vernichtung unter Datenschutzkriterien?
- Wie werden die Entsorgungskosten auf die Gebäudenutzer umgelegt (z.B. nach Fläche oder nach Abfallvolumen oder -gewicht)?

### *6.6.3 Umzugsmanagement*

In größeren Unternehmen sind Umstrukturierungen und damit verbundene Umzüge an der Tagesordnung. Häufig werden gerade die Umzüge am Standort oder im Gebäude durch eigenes Personal durchgeführt und bei weiteren Umzügen werden Speditionen beauftragt.

Einige Unternehmen erbringen Umzugsdienstleistungen in Eigenleistung. Das hat den Vorteil, dass das Unternehmen sehr flexibel auf den Bedarf reagieren kann. Ein Nachteil ist, dass die Auslastung und somit die Wirtschaftlichkeit nicht immer sichergestellt sind.

Häufig werden für einzelne oder mehrere Standorte Rahmenverträge mit einem oder mehreren Unternehmen für Umzugsdienstleistungen vereinbart.

*Revisionsfragen:*

- Wie wird sichergestellt, dass Umzugsleistungen zu einem marktüblichen Preis eingekauft werden?
- Gibt es Rahmenverträge? Gibt es diese mit nur einem Lieferanten oder gibt es mehrere Vertragspartner? Gelten für alle die gleichen Konditionen? Worin unterscheiden sich diese? Gibt es Überschneidungen?
- Werden die Vertragskonditionen regelmäßig (z.B. alle 3 Jahre) auf Marktkonformität überprüft (z.B. durch eine Vergleichsausschreibung)? Sind in den Rahmenverträgen Mindestauftragsmengen oder umsatzabhängige Rückvergütungen vereinbart? Wer hält diese nach? Hat dies Einfluss auf die Auftragsvergabe?
- Erfolgt die Abrechnung entsprechend der vertraglichen Vereinbarung (z.B. nach realem Aufwand, definierter Pauschalpreis pro Umzug, separate Verrechnung von Fahrzeugen)? Werden besondere Anforderungen an das Umzugspersonal gestellt, wenn Umzüge sensibler Bereiche durchgeführt werden?
- Werden im Zuge von Umzügen auch Entsorgung/Entrümpelung/Datenvernichtung durchgeführt? Ist dies im Vertrag geregelt? Insbesondere der Datenschutz (inkl. Datenschutzklassen) bei Datenvernichtung ist zu beachten.
- Wie sind die Schnittstellen zwischen Eigen- und Fremdleistung definiert (Überlappung, z.B. Einpacken oder Aus- und Einräumen der Schränke)? Ist der Ansprechpartner des Auftragnehmers klar definiert?

# 7 Kaufmännisches Gebäudemanagement (KGM)

In diesem Kapitel sollen keine allgemeinen betriebswirtschaftlichen Prozesse und die damit verbundenen Prüfungen behandelt werden, sondern wesentliche Bereiche, die aus dem Facility-Management heraus Einfluss auf die Betriebswirtschaft haben. Je nach Unternehmensgröße und Organisation können die Prozesse unterschiedlich sein, sodass nicht alle in der Folge aufgeführten Fragestellungen für jede Organisation relevant sind.

## 7.1 Verträge und Beschaffung im Facility-Management

Ein Vertrag ist eine Vereinbarung zwischen zwei oder mehreren Vertragsparteien. Grundsätzlich kann dieser mündlich geschlossen werden, was jedoch dazu führen kann, dass bei Streitigkeiten das Vereinbarte nicht belegt werden kann. Deshalb sollten die Vereinbarungen schriftlich festgehalten werden.

**Wesentliche Risiken im Bereich der Beschaffung:**

Fehlende Beauftragungen und unklare Vertragsinhalte erhöhen das Risiko von

- mangelhafter Ausführung oder (teuren) Rechtsstreitigkeiten.
- fehlerhafter Abrechnung erbrachter Leistungen.
- Fraud/dolosen Handlungen (z.B. falsche Abrechnung, fiktive Rechnungen).
- unnötigen Mehraufwendungen bzw. überteuertem Einkauf von Leistungen.

Inhaltlich sind die wesentlichen Vertragsinhalte möglichst präzise zu formulieren und auf die Einhaltung von geltenden Vorschiften (z.B. bzgl. Brandschutz, Arbeitssicherheit, Umweltschutz, Mindestlohn) ist hinzuweisen. Es kann unterschieden werden in Dienstleistungsverträge (aufwandsorientiert) oder Werkverträge (ergebnisorientiert). Mischformen sind möglich.

Die Auswahl und Beauftragung eines Facility-Management-Dienstleisters, der einen Großteil der Facility-Management-Dienstleistungen aus einer Hand erbringt bzw. organisiert, kann sich in Bezug auf Inhalt und Komplexität vom Beschaffungsprozess einer einzelnen Facility-Management-Dienstleistung (z.B. eines einzelnen Handwerkers) unterscheiden. Die in der Folge aufgeführten Revisionsfragen müssen folglich daraufhin untersucht werden, ob sie für den jeweiligen Beschaffungsprozess im Facility-Management Anwendung finden können.

Für die Prüfung von Compliance-Aspekten in Zusammenhang mit der Beschaffung von Facility-Management-Dienstleistungen sei an dieser Stelle auf den Band 61 der DIIR-Schriftenreihe „Revision der Beschaffung von Logistik- und Cateringdienstleistungen sowie Compliance im Einkauf“ verwiesen.

*Revisionsfragen:*

Governance

- Welche Vorgaben z. B. Einkaufsrichtlinien liegen vor? Sind diese ausreichend und allen Beteiligten bekannt? Gibt es Arbeitsanweisungen und definierte Prozesse, die die Einhaltung der definierten Anforderungen sicherstellen?
- Welche Vorgaben gibt es für die Vergabe von großen Auftragsvolumen? Sind in diesem Prozess Entscheidungsbefugnisse definiert? Sind Betragsgrenzen für einzelne Personen definiert? Sind Funktionstrennung und das Prinzip der Doppelzeichnung (Vier-Augen-Prinzip) im Prozess verankert?
- Gibt es ein Lieferantenmanagement? Welche Präqualifikationsverfahren gibt es? Sind diese angemessen?
- Wie ist sichergestellt, dass rechtliche Vorgaben z. B. Mindestlohnstandards durch die Auftragnehmer eingehalten werden?
- Wurden die Verträge entsprechend einer geltenden (internen) Unterschriften-/Vollmachtsregelung unterzeichnet?

Vertragsgestaltung

- Liegen Musterverträge vor? Sind diese aktuell, juristisch geprüft und wurden diese verwendet?
- Gibt es standardisierte Vertrags-, Qualitäts- und Lieferbedingungen, die mit den Lieferanten und Dienstleistern in Form z. B. von AGBs vereinbart werden? Liegt ein Geschäftspartner-Kodex vor und wurde dieser vereinbart?
- Sind die Verträge so gestaltet, dass sie möglichst viele Situationen präzise regeln, Klarheit bezüglich der Vergütung herrscht und auch bei Regiearbeiten Kostensicherheit für den Auftraggeber besteht, z. B. durch
  - Vereinbarungen wie mit Stundennachweisen/Regiezetteln umgegangen wird? (Z. B. zeitnahe Kontrolle/Freigabe/Weiterleitung an den Auftraggeber. Es ist sinnvoll, dass diese durch einen Verantwortlichen zeitnah (max. innerhalb 1 Woche) abzuzeichnen sind. Ansonsten werden sie nicht zur Abrechnung zugelassen.)

- Unterscheidung der vereinbarten Stundensätze für Regieleistungen nach der Mitarbeiterqualifikation/-position? Wird dies auch bei der Rechnungsprüfung berücksichtigt?
- eindeutige Vereinbarungen zu den Zeiten/Kosten für An- und Abfahrten, die angemessen sind? (z.B. als Pauschale, Einzelaufstellung, ohne Berücksichtigung, da in Stundensätzen verrechnet)
- Vereinbarung von verhandelten Pauschalpreisen für wiederkehrende Leistungen?
- Vorgaben zur Art der Abrechnung (z.B. Trennung von Materialkosten und Personalkosten, umlagefähige/nicht umlagefähige Kosten, nach definierten Bereichen aufgegliedert, nach einem Abrechnungs-LV zur besseren Kostenzuordnung)?
- vertragliche Vereinbarungen, dass immer genügend Personal vorhanden ist? Sind die eingesetzten Mitarbeiter vertraglich zahlenmäßig festgelegt?

- Werden an das eingesetzte Personal besondere Anforderungen gestellt, die sich aus dem definierten Aufgabenbereich ableiten, z.B. Sicherheitsanforderungen, besondere nachgewiesene Tauglichkeit/Qualifikationen oder erforderliche Untersuchungen, und sind diese im Vertrag auch beschrieben?
- Ist die zuständige Objektleitung des Auftragnehmers benannt? Es kann auch vereinbart werden, dass Personalveränderungen der Zustimmung des Auftraggebers bedürfen.
- Welche SLAs sind vereinbart? Die SLA regeln Leistungsumfang, Leistungsturnus und Reaktionszeiten. Es können auch Pönalen bei Nichterfüllung vereinbart werden.
  - Ausschluss einer Abrufverpflichtung bei Rahmenverträgen, sofern möglich und sinnvoll?
  - Festlegung einer Schriftformerfordernis bei Vertragsänderungen und -ergänzungen?
  - Forderung eines geeigneten Versicherungsschutzes im Zusammenhang mit den zu erbringenden Leistungen?
  - Festlegung, welche Arbeiten ohne besondere Beauftragung ausgeführt werden dürfen (z.B. Wartungen, Kleinstreparaturen bis zu einem festgelegten Betrag) und welche Arbeiten eine gesonderte Beauftragung bedürfen (z.B. Instandsetzungen)?
  - Vorgaben zu Wartung und Reparaturen an Anlagen unter Gewährleistung, damit diese in der Verantwortung des Herstellers/Errichters bleiben?

  - Definition von Schnittstellen und Verrechnungsmodalitäten, falls Leistungen oder Materialien vom Auftraggeber gestellt werden (z.B. Beistellung von Hilfspersonal, Schmier- und Reinigungsstoffe, Energie, Wasser, Transporte)?
  - Regelungen zu Geheimhaltung und Datenschutz?
- Wie wurde die Gültigkeit des Vertrages geregelt, falls ein Teil des Vertrages unwirksam ist oder wird?

Vertragsmanagement

- Wie und von wem werden die Verträge, insbesondere die vereinbarten Preise und Konditionen, verwaltet? Gibt es hierfür ein IT-System?
- Haben Personen, die für die Rechnungsprüfung verantwortlich sind, Zugriff auf die Verträge? Wurden die Verträge durch die Rechtsabteilung geprüft? Werden die Verträge vertraulich behandelt und ist der Zugriff auf die Verträge nur autorisierten Personen möglich?
- Wie wird verhindert, dass bei Positionen, die nach Aufwand vergütet werden (Regiearbeiten), das Budget überschritten wird? Ist z.B. die Leistung mit Limits versehen, ist ein Freigabeprozess vorhanden, gibt es Informationspflichten des Auftragnehmers?
- Wie wird sichergestellt, dass nur Leistungen zusätzlich beauftragt werden, die erforderlich und die nicht bereits im vertraglichen Standardleistungsumfang enthalten sind? Werden die Leistungsverzeichnisse vor Bestellung/Beauftragung geprüft?

*Revisionsfragen bei Einsatz eines externen Facility-Management-Dienstleisters:*[1]

- Sind Qualifikationen und Bonität des Vertragspartners geprüft worden (vor allem bei Verträgen größeren Umfangs)? Liegen Referenzen vor?
- Wie ist sichergestellt, dass rechtzeitig vor Ablauf befristeter Verträge die Leistung neu ausgeschrieben bzw. der alte Vertrag (ggf. zu modifizierten Konditionen) verlängert wird?
- Sind wesentliche vertragliche Inhalte eindeutig definiert, z.B. Vertragspartner, Leistungsgegenstand/-beschreibung, Preise und Preisanpassungen, Personal (Subunternehmer, erforderliche Qualifikationen, Personalwechsel, Sicherheitsüberprüfungen, Arbeitserlaubnis der Mitarbeiter etc.), Vertragslaufzeit, Vertragsstrafen und Kündigung des Vertrages, erwartete Qualität und entsprechende Qualitätskontrollen (wie oft, durch wen, Konsequenzen etc.), Haftung und Versicherung, Befugnisse und Einschrän-

1 Ein Dienstleister, der das gesamte oder überwiegende Portfolio an Facility-Management-Dienstleistungen erbringt.

kungen, Compliance-Aspekte (Datenschutz, Zutrittsberechtigungen, Geheimhaltung), Einhaltung des gesetzlichen Mindestlohnes, erforderliche Qualifikationen und Zertifikate, Prüfrechte für interne Kontrollfunktionen (z.B. Revision, Controlling)?

- Wurde vereinbart, dass bei Übergabe des Objektes und in weiteren regelmäßigen zeitlichen Abständen die Aushändigung aller wichtigen Datenblätter, Sicherheitsvorschriften, Einweisungen in Anlagen etc. vom Dienstleister bestätig wird? Liegen die Bestätigungen vor?
- Sind Vertragsstrafen vereinbart? Wurde bewusst auf die Vereinbarung von Strafen zugunsten von günstigeren Vertragskonditionen verzichtet? Sind die daraus resultierenden Risiken bekannt?s
- Welche Verjährungsfrist für Ansprüche auf Mängelbeseitigung aus den Voll-Wartungsleistungen wurde vereinbart?
- Wurde die Erstellung von regelmäßigen, aussagekräftigen Objektberichten mit dem Dienstleiter vereinbart? Werden regelmäßige Jour Fixes mit dem Dienstleister und Beurteilungsgespräche vereinbart? Finden diese auch statt?
- Wurde eine bestimmte Person als Objektleitung vertraglich festgeschrieben? Wurde die Qualifikation der eingesetzten Mitarbeiter abgefragt und vertraglich vereinbart? Wurden die Qualifikationen nachgewiesen?
- Sind im Vertrag auch nutzerspezifische Anforderungen wie Anmeldung bei Betreten eines Mietbereichs, Kleidung des Facility-Management-Mitarbeiters, Mitführen eines Dienstausweises, Sprachkenntnisse etc. geregelt? Sind diese Anforderungen an das jeweilige Nutzer-/Mieterklientel angepasst?
- Gibt es eine definierte Vertragslaufzeit? Verlängert sich der Vertrag stillschweigend um einen definierten Zeitraum? Wie sind die Kündigungsmodalitäten (Kündigungsfrist, Kündigung aus wichtigem Grund etc.) geregelt?
- Wie ist im Facility-Management-Vertrag sichergestellt, dass eine geordnete Übergabe an den nachfolgenden Facility-Management-Dienstleister durchgeführt wird (z.B. Verpflichtung zur Übergabe von Daten an den Auftraggeber, Know-how-Transfer an den neuen Facility-Management-Dienstleister, Rückgabe/Übergabe von Flächen oder Arbeitsmitteln, die der Auftraggeber dem Facility-Management-Dienstleister zur Verfügung gestellt hat). Wie wurde die Vergütung für den Übergabezeitraum geregelt? Was waren die Gründe für den Wechsel?
- Verlängern sich Verträge ohne erneute Ausschreibung/Verhandlung, wenn vorher keine formelle Kündigung erfolgt?
- Sind bei langlaufenden Verträgen angemessene Preisanpassungen definiert und ist deren Umsetzung (z.B. über Preisgleitklauseln, Einhaltung des Preisklauselgesetzes) festgehalten?

- Bietet der Facility-Management-Vertrag einen angemessenen Anreiz für den Facility-Management-Dienstleister Einsparungen zu generieren? Partizipieren Auftragnehmer und Auftraggeber an den Einsparungen?
- Sind vertraglich Vorgaben zur Vertraulichkeit definiert (Vertraulichkeitsklausel)?
- Sind die Auflagen bzgl. geltender Datenschutzvorgaben vertraglich definiert?

## 7.2 Facility-Management Kennzahlen (KPI) und Controlling

Kennzahlen sind wichtige Hilfsgrößen zur Steuerung und Optimierung der Facility-Management-Leistung. Die Kennzahlen können Output bezogen (z.B. Stromverbrauch pro $m^2$) oder als Kostenkennzahlen definiert sein (z.B. EUR/$m^2$). Betriebswirtschaftlich sind vor allem letztere relevant.

Durch eine laufende Erhebung von Kennzahlen können Veränderungen in einzelnen Bereichen verfolgt werden. Durch einen internen oder externen (wettbewerbsorientierten) Vergleich der Kennzahlen mit vergleichbaren Objekten oder Organisationen, können Potenziale für Optimierungen identifiziert werden.

**Wesentliche Risiken im Bereich der Facility-Management-Kennzahlen**

- Controlling von Facility-Management-Leistungen ist i.d.R. nicht möglich, wenn Benchmarkwerte und Kennzahlen fehlen.
- Durch fehlende oder falsch ermittelte Kennzahlen (z.B. Flächenangaben) können Fehler in der Beauftragung und Abrechnung erfolgen.
- Durch unzureichendes Management der Kosten und Investitionen kann es zu Budgetüberschreitungen und damit zu Liquiditätsproblemen kommen.
- Bewertung und Steuerung von Kosten ist eingeschränkt und Optimierungspotenziale werden nicht erkannt, weil keine Vergleichswerte ermittelt werden.

Hierbei sind veränderte Kennzahlen nicht zwingend Indikatoren von Fehlern, sondern bedürfen der Analyse der Ursache, um darauf reagieren zu können.

Für die Erhebung von Kennzahlen ist eine ausreichende Datenbasis erforderlich, welche z.B. folgenden Ursprung haben kann:

- aus dem ERP-System (z.B. SAP).
- aus den abgerechneten Leistungen (z.B. in Rechnung gestellte Leistungen und Verbräuche).

- direkt aus den Messstellen der Verbräuche (Gas, Strom, Wasserzähler, $CO_2$).

Da viele Kennzahlen flächenbezogen sind, ist eine Bestandserfassung der vorhandenen Flächen notwendig. Hierbei sind verschiedene Flächenkriterien selektierbar (z.B. Art der Nutzung, Bodenbelag, möbliert/unmöbliert, zu reinigende Fläche mit Reinigungsturnus, Zuordnung zu Abteilung/Nutzern etc.). Häufig kommt hier eine CAFM-Softwarelösung zum Einsatz, die alle Daten bündelt und die Kennzahlen ermittelt.

Ein CAFM-System sollte standardmäßig Kennzahlen ermitteln, die sich an den Normen DIN 276 bzw. DIN 18960 oder BIM-Standards anlehnen: Kennzahlen zu Betriebskosten, Instandhaltungskosten, Ver- und Entsorgungskosten sowie Kosten des Objektmanagements. Diese können anschließend zusätzlich einem Verursacher, z.B. einem Objekt oder einer Anlage, zugewiesen werden. Somit ist immer ersichtlich, in welcher Höhe Kosten an welchem Objekt/welcher Anlage verursacht wurden.

Folgende Reports und Auswertungen haben sich im Facility-Management bewährt:

- Kosten Facility-Management pro Fläche
- Buchungen nach Kostenart/Kostenträger/Kostenstelle sowie nach Maßnahmen oder Umlagefähigkeit
- Kostenentwicklungen und -vergleiche von wiederkehrenden Leistungen
- Abfallmengen und Kosten in einem festgelegten Zeitraum
- Reinigungskosten (je Fläche, Gebäude, pro Woche/Monat/Jahr o.Ä.)
- Monats-/Jahresverbräuche
- Anzahl von Störungen

Die Methoden, welche zur Steuerung des Unternehmens genutzt werden, sind nicht Gegenstand des Leitfadens.

*Revisionsfragen:*

Kennzahlen

- Sind geeignete Kennzahlen in Bezug auf das Facility-Management definiert? Werden diese regelmäßig aktualisiert?
- Wie werden die Kennzahlen zur Bewertung der Entwicklung der Kosten und Leistungsdaten verwendet?
- Welche Zielvorgaben sind definiert, um regelmäßig die Zielerreichung zu bewerten?

- Wie ist sichergestellt, dass die Datenbasis zur Ermittlung der Kennzahlen reproduzierbar und nachvollziehbar ist?
- Werden die Kennzahlen für internes oder externes Benchmarking genutzt?
- Werden externe Benchmarkberichte genutzt? Welche (z.B. Rotermund, BKI, fm.benchmarking o.Ä.)? Wie erfolgte die Auswahl?
- Wurden aus erhobenen Benchmarks Maßnahmen zur Optimierung der eigenen KPIs abgeleitet? Werden diese aktiv nachgehalten? Sind Termine und Verantwortlichkeiten definiert?
- Wie sind die Kennzahlen in das Controllingsystem des Unternehmens eingebunden?
- Welche Methodik wird zur Steuerung der Facility-Management Kennzahlen genutzt (z.B. Target Costing, Lebenszykluskosten, Prozesskosten, Balanced Scorecard)?
- Gibt es Reports/Kennzahlen, die von externen Organisationen gefordert werden (z.B. wegen einer Zertifizierung („Green Building") oder als Bedingung für finanzielle Fördermaßnahmen (KfW-Kredit)? Werden diese termingerecht erstellt und übermittelt?

Kosten und Investitionen

- Gibt es in Bezug auf anfallende Kosten Limits oder Planvorgaben, die verhindern, dass das jeweils vorgesehene Budget überschritten wird?
- Wie wird der Forecast der Kosten aktualisiert (dynamisch jeden Monat, jährlich)? Gibt es einen Prozess der Nachbudgetierung, wenn das Budget für die prognostizierten Kosten nicht ausreicht?
- Wird das Budget in Kosten und Investitionen getrennt beachtet (OPEX/CAPEX)? Wird dies mit der Anlagenbuchhaltung u. a. in Bezug auf die richtigen Abschreibungszeiten korrekt abgestimmt?
- Fallen im Bereich Facility-Management Investitionen an und wie ist der Prozess der Genehmigung?
- Wie ist der Prozess der regelmäßigen Planung und Priorisierung von Facility-Management-Kosten und -Investitionen? Werden kurz-, mittel- und langfristige (z.B. 1, 3, 5 Jahre) Planungshorizonte angewandt?
- Werden bei der Planung der Budgets (z.B. für Instandhaltung) nach laufenden/geplanten und ungeplanten Instandhaltungsbudgets unterschieden?
- Welche geplanten Maßnahmen wurden zur Einhaltung der Budgetvorgaben gestrichen? Wurden diese Maßnahmen im Folgejahr erneut einge-

plant? Welche Auswirkung auf den Gebäude- oder Anlagenzustand haben die Verschiebungen?

- Werden Maßnahmen an Gebäuden oder Anlagen am Ende der vorgesehenen Nutzungsdauer geplant/ausgeführt?

## 7.3 Versicherungen im Facility-Management

Aufgrund der Komplexität und Vielfältigkeit der Aktivitäten im Facility-Management und der damit einhergehenden (Haftungs-)Risiken kann es auf unterschiedliche Art und Weise zu direkten oder indirekten Schadensfällen kommen. Insbesondere die meist sehr personalintensiven Tätigkeiten von (Fach-)Personal unterschiedlichster Aufgabenfelder und unterschiedlichster kultureller Herkunft verstärken das damit verbundene Risiko. Aus diesem Grund ist es sinnvoll, die Absicherung von Risiken und die Umsetzung etwaiger Versicherungsvorgaben zu hinterfragen.

**Wesentliche Risiken im Bereich Versicherungen:**

Unzureichender Versicherungsschutz im Facility-Management führt dazu, dass das Unternehmen/der Auftraggeber ganz oder teilweise auf den Kosten der eingetretenen Schäden sitzen bleibt.

*Revisionsfragen:*

- Gibt es eine Aufstellung von möglichen Risiken, denen das Unternehmen ausgesetzt sein kann? Wurde die Absicherung einzelner Risiken durch den Abschluss von Versicherungen überprüft und darauf reagiert? Sind Risiken bekannt, die nicht durch eine Versicherung abgesichert wurden?
- Welche Versicherungen bzgl. Facility-Management gibt es im Unternehmen? Welche werden von Facility-Management-Dienstleistern gefordert?
- Sind die Versicherungen aktuell und gültig?
- Ist die Versicherungsabdeckung ausreichend (z.B. 5 Mio. Euro pauschal für Personen- und Sachschäden)?
- Sind in den Versicherungen auch sog. Tätigkeitsschäden abgesichert, d.h. Schäden, die aus der aktiven Handlung und Arbeit des Dienstleisters entstehen, oder Folgeschäden, die durch vom Versicherungsnehmer geleistete Arbeiten entstehen.
- Sind durch den Versicherer Auflagen definiert worden, die in der Zusammenarbeit mit Facility-Management-Dienstleistern zu berücksichtigen sind?

- Sind neben der Haftpflichtversicherung noch weitere Versicherungen relevant (z.B. Sachversicherung VdS, Facility-Management Global)?
- Gibt es aus Begehungen der Sachversicherer resultierende Maßnahmen, die im Betrieb der Gebäude zu beachten sind (z.B. maximale Lagerhöhe, Vorgaben zur Besprinklerung usw.)

## 7.4 Immobilienkosten aus Auftraggebersicht

Im Zuge der Nutzung und Bewirtschaftung von Immobilien fallen Kosten und Investitionen an, die auch durch das Facility-Management erfasst, geprüft und bezahlt werden müssen. Einige dieser Kosten können auf die Nutzer und Mieter der Infrastruktur umgelegt werden. Voraussetzung hierfür ist, dass die vertragliche Grundlage (i.d.R. der Mietvertrag) dies ausreichend abbildet, aber auch, dass die Verrechnung der Kosten regelkonform und transparent erfolgt, da der Mieter die Möglichkeit der Einsichtnahme in die Kostenermittlung nutzen kann. Voraussetzung hierfür ist, dass die eingehenden Rechnungen korrekt erfasst und geprüft werden.

**Wesentliche Risiken im Bereich der Immobilienkosten**

Fehlerhafte Prozesse der Abrechnung können dazu führen, dass Kosten nicht transparent sind und nicht korrekt verrechnet oder weiterbelastet werden.

*Revisionsfragen:*

- Welche Strategie wird bei der Bewirtschaftung von Immobilien verfolgt? Werden Rücklagen für z.B. Reparaturen gebildet? Wie hoch sind diese? Wofür sind diese vorgesehen?
- Wie wird mit leerstehenden Flächen und den daraus anfallenden (anteiligen) Kosten umgegangen?
- Wie ist sichergestellt, dass dem Facility-Management alle relevanten Unterlagen (z.B. Versicherungen, Mietverträge, Lieferverträge und Grundsteuerbescheide) zur Verfügung stehen (für die Verbuchung von z.B. Abschlagszahlungen und Lastschriften)?
- Wie ist der Rechnungslauf geregelt? Werden die Rechnungen (sofern erforderlich) in umlagefähige Kosten und nicht-umlagefähige Kosten aufgeteilt?
- Sind die Abrechnungen so gestaltet, dass diese korrekt zugeordnet und verrechnet werden können, durch
  - korrekte Rechnungsadresse und Angabe des korrekten Ortes der Leistungserbringung?

  - Bestellbezug durch Auflistung der Bestellnummer?
  - ausreichend detaillierte Aufstellung der erbrachten Leistung und um eine Weiterverrechnung bzw. richtige Zuordnung entstandener Kosten zu ermöglichen (z. B. durch ein vorkontiertes Abrechnungs-LV)?
  - getrennte Ausweisung von Lohn- und Materialkosten (zum Ausweis der haushaltsnahen Dienstleistungen nach § 35 a EStG, wenn Wohnungen vermietet werden)?
- Liegen den Rechnungen begründende Unterlagen zugrunde (Regiezettel, Lieferscheine, Aufmaße)?
- Werden zur Rechnungsprüfung auch interne Daten zur Prüfung der Rechnung herangezogen (z. B. Flächendaten aus dem Facility-Management, Verbrauchsdaten der Energiemengenzähler) ?
- Wer übernimmt die Ersterfassung eingehender Rechnungen?
- Welche Vorgaben wurden hinsichtlich Zahlungsziel und Skonto vereinbart? Werden diese realisiert?
- Wie wird sichergestellt, dass die verrechneten/weiterbelasteten Kosten zeitgerecht beglichen werden?
- Gibt es im Freigabeprozess von Rechnungen festgelegte Betragsgrenzen/ Berechtigungsgrenzen und die Forderung nach Funktionstrennung und die Einhaltung des Vier-Augen-Prinzips und werden diese eingehalten?

# 8 Relevante Gesetze und Vorschriften

AbwAG: Abwasserabgabengesetz

ArbSchG: Arbeitsschutzgesetz

ArbStättV: Arbeitsstättenverordnung

BEHG: Brennstoffemissionshandelsgesetz

BetrSichV: Betriebssicherheitsverordnung

BGB: Bürgerliches Gesetzbuch

DSGVO: Datenschutzgrundverordnung

ElektroG: Gesetz über das Inverkehrbringen, die Rücknahme und die umweltverträgliche Entsorgung von Elektro- und Elektronikgeräten

GefStoffV: Gefahrstoffverordnung

GEG: Gebäudeenergiegesetz

MessEG: Mess- und Eichgesetz

RoHS: Restriction of Hazardours Substances (RL2011/65/EU)

PrüfVO: Prüfverordnung (Verordnung auf Länderebene)

TrinkwV: Trinkwasserverordnung

VStättVO: Versammlungsstättenverordnung

# 9 Abkürzungsverzeichnis

ANÜ: Arbeitnehmerüberlassung

BHKW: Blockheizkraftwerk

BIM: Building Information Modelling

CAFM: Computer Aided Facility-Management

EMAS (EU Eco-Management and Audit Scheme): Umweltmanagementsystem entwickelt von der EU

IGM: Infrastrukturelles Gebäudemanagement

IKS: Internes Kontrollsystem

KGM: Kaufmännisches Gebäudemanagement

LV: Leistungsverzeichnis

TGA: Technische Gebäudeausrüstung

TGM: Technisches Gebäudemanagement

TOM: Technisches Objektmanagement